トラブルになる前に…
マンション暮らしの騒音問題

日本建築学会　編

技報堂出版

■ 本書作成関係委員会 ■

▶環境工学委員会
　　委員長　岩田利枝
　　幹　事　持田　灯　　リジャル H.B.　　望月悦子
　　委　員　（省略）

▶音環境運営委員会
　　主　査　古賀貴士
　　幹　事　石塚　崇　　富来礼次
　　委　員　（省略）

▶企画刊行運営委員会
　　主　査　羽山広文
　　幹　事　菊田弘輝　　中野淳太
　　委　員　（省略）

▶集合住宅騒音防止住まい方マニュアル刊行小委員会
　　主　査　池上雅之
　　幹　事　嶋田　泰　　鈴木和憲
　　委　員　竹林健一　　冨髙　隆　　中澤真司　　濱田幸雄
　　　　　　峯村敦雄　　宮島　徹　　村石喜一

▶執筆委員
　　1章　知っておきたい「音」のこと
　　　　池上雅之
　　2章　騒音トラブルになるまえに… マンションの音マナー
　　　　鈴木和憲　　冨髙　隆　　中澤真司　　宮島　徹
　　3章　騒音は生活音だけではない
　　　　竹林健一　　峯村敦雄
　　4章　騒音トラブル予防のためのチェックポイント
　　　　池上雅之　　嶋田　泰　　村石喜一
　　5章　快適なマンション生活を送るための対応
　　　　池上雅之　　嶋田　泰　　竹林健一　　村石喜一
　　音源・映像データ
　　　　池上雅之　　嶋田　泰　　鈴木和憲　　竹林健一
　　　　冨髙　隆　　中澤真司　　濱田幸雄　　峯村敦雄
　　　　宮島　徹　　村石喜一

書籍のコピー，スキャン，デジタル化等による複製は，
著作権法上での例外を除き禁じられています。

はじめに

　本書は，騒音トラブルになる前に読んでいただきたい本として，現在マンションにお住まいの方，これからお住まいになる方を対象に執筆されました。執筆陣はマンションの騒音トラブルに対応することもある，日本建築学会所属の音環境の専門家です。

　マンションでは，一戸建てと比較して，音が伝わりやすい建物内に，さまざまな住まい方，感じ方の人が一緒に暮らしています。多くのマンションは，ある程度の騒音対策がなされていますが，それでも生活音や設備機械の音，外部の音などがゼロになることはありません。そのため騒音トラブル（近隣関係がこじれることを含む）が起きやすい傾向にあり，音に対する気遣いや寛容が大切です。マンションの騒音トラブルの中には，「音環境に関する知識がもう少し居住者にあれば，もっとスムーズに対応できたのではないか？」と思われるケースもあり，マンションで互いに快適に過ごすための生活の知恵は，まだまだ発展途上だと感じることもあります。

　本書では，みなさんのマンション生活がさらに豊かになることを願い，マンションの音環境に関する知識，騒音低減のアイディア，騒音トラブルに関する情報などを紹介し，マンションという共同生活の場の理解を深めていただければと考えております。

特　記

1) 本書では，マンションの音環境の一般的な状況を述べています。防音対策や近隣対応などの効果を保証したり，騒音が聞こえることの正当性を示す根拠にはなりません。
2) 本書は，鉄筋コンクリート造のマンションを想定して書かれています。木造，プレハブ造，鉄骨造は，鉄筋コンクリート造と比較して音が伝わりやすい傾向にありますが，基本的な情報は共通しています。
3) 正確には「音波」「遮音」「音圧レベル」「ラウドネス」「ノイジネス」「アノイアンス」などと表現すべき場合も，本書ではわかりやすくするため「音」「防音」「音の大きさ」「うるささ」「気になりやすさ」などと表現している箇所があります。
4) 本書や本書の紹介する映像や音，方法，資料，機関，情報などを利用した結果に対して，技報堂出版，日本建築学会，執筆者は一切の責任を負いません。

管理組合の方へ

　騒音問題の相談があった際，「居住者間で知識や情報を共有したいので，一読願えないか」と勧めるような，本書の使い方もあります（なお，トラブルになってしまってからの提示は，ケースによってはかえって居住者間の関係を険悪にしてしまうことも考えられますので，対応には細心の注意を払う必要があります）。

目　次

1章　知っておきたい「音」のこと　……………………… 1

〈マンションの音環境〉
- Q マンションではどんな音が聞こえるの？ ……………… 2
- Q 隣人との距離ってどれくらい？ ………………………… 4
- Q どんな音が伝わりやすいの？ …………………………… 6
- Q 足音は直上階が原因なの？ ……………………………… 7
- Q 騒音問題を難しくしている一因は？ …………………… 8
- Q 生活環境の変化が騒音問題を引き起こす？ …………… 9
- Q 家具や家電が騒音問題を引き起こす？ ………………… 12
- Q リフォームが騒音問題を引き起こす？ ………………… 13
- Q 共用部のリニューアルが騒音問題を引き起こす？ …… 14
- Q 周辺環境の変化が騒音問題を引き起こす？ …………… 15

〈音の基礎知識〉
- Q 音の三要素とは何ですか？ ……………………………… 16
- Q 年齢とうるささは関係する？ …………………………… 17
- Q 低周波音ってどんな影響があるの？ …………………… 18
- Q 暗騒音とは何ですか？ …………………………………… 19
- Q 空気音・固体音とは何ですか？ ………………………… 20
- Q 窓の防音性能が高いほど快適ですよね？ ……………… 22
- Q 音を聞く状況がうるささに関係する？ ………………… 23
- Q 気になりやすさは生活環境にもよるの？ ……………… 24
- Q 足音や歌声が気になりやすいのはなぜ？ ……………… 25

〈こんなことも知っておきたい〉
- Q もっと静かなマンションってできないの？ …………… 26
- Q コンクリートなら音が伝わらないのでは？ …………… 27

- Q コンクリート壁とボード壁，直床と二重床，音が伝わりやすいのはどっち？ ……… 28
- Q 吸音材料と遮音材料と防振材料って何が違うの？ ……… 30
- Q 億ションなら音の性能もハイクラス？ ……… 31
- Q 音が聞こえたら欠陥マンション？ ……… 32
- Q 騒音問題に適切に対応するには？ ……… 33

2章　騒音トラブルになるまえに　マンションの音マナー ……… 35

- Q 日常生活の音や趣味・娯楽の音を小さくするにはどうすればいいの？ ……… 36

〈日常生活の音〉
- Q どうして足音が聞こえるの？ ……… 38
- Q 足音のほかにはどんな音が下階に伝わる？ ……… 40
- Q 入浴時の音がそんなに伝わるの？ ……… 42
- Q 料理のときに気を付けることは？ ……… 44
- Q バルコニーの騒音対策は？ ……… 46
- Q 掃除・洗濯のどんな音が伝わる？ ……… 48
- Q ドアや引き出しのバタン，どうする？ ……… 50
- Q 窓やカーテンの開け閉めはうるさい？ ……… 52

〈趣味・娯楽の音〉
- Q ゴルフ練習，パターマットを使えば大丈夫？ ……… 54
- Q ランニングマシンを使って大丈夫？ ……… 55
- Q 部屋でエクササイズをしたいけど？ ……… 56
- Q ピアノの音を低減させるには？ ……… 58
- Q 壁掛けテレビ設置で気を付けることは？ ……… 61

3章　騒音は生活音だけではない ……… 63

- Q 遠くのポンプの音がどうして聞こえるの？（給水設備） ……… 64
- Q 遠くの変圧器の音がどうして聞こえるの？（電気設備） ……… 66
- Q エレベーターはなにがうるさい？ ……… 67
- Q ディスポーザーは粉砕音のほかに騒音を発生させる？ ……… 68

Q 機械式駐車場はどのような音を発生させる？	69
Q どんな音が外から伝わるの？	70
Q 「パキッ」「ドンッ」いったい何の音？	71

4章　騒音トラブル予防のためのチェックポイント　73

Q 騒音トラブル予防のポイントは？	74

〈発生源のチェック〉

Q どのような情報が必要か？	76
Q ピアノの音のチェックポイントは？	80
Q 上階の足音のチェックポイントは？	83

〈対策のチェック〉

Q 対策の基本的な考え方とは？	86
Q 空気音の対策は？	88
Q 固体音の対策は？	89
Q 思っていた効果が出ないときは？	90

〈相談先のチェック〉

Q どのような相談先があるか？	91

〈その他のチェックポイント〉

Q 相手方との話し合いを考える場合の注意点は？	97
Q 気になる音は大きさだけでは決まらない？	98

5章　快適なマンション生活を送るための対応　99

Q マンションに暮らすということは？	100
Q 受け手側居住者でできる数少ない対策は？	101
Q 音が気にならないようにする方法とは？	102
Q 外からの騒音を低減させるリフォームは？	104
Q 部屋の防音工事にはどんな方法があるの？	106
Q 管理組合の心構えとは？	108
Q 管理組合にできることとは？	109

体験コンテンツ目次

QRコードをスマートホンなどで読み取ると，音の伝わりの例を体験できます．

1. 下階で聞こえる足音の例
　（歩行者，床仕上げによる足音の聞こえ方の違いを体験する） ………… 38
2. 下階で聞こえる足音の例
　（歩き方による足音の聞こえ方の違いを体験する） ……………………… 39
3. 下階で聞こえる足音の例
　（履物や敷物による足音の聞こえ方の違いを体験する） ………………… 39
4. 椅子の引きずりにより下階で聞こえる音の例 ……………………………… 41
5. 浴室の使用により下階で聞こえる音の例 …………………………………… 43
6. 調理により下階で聞こえる音の例 …………………………………………… 45
7. 掃除や洗濯により隣戸で聞こえる音の例 …………………………………… 49
8. 玄関扉・収納開閉により隣戸で聞こえる音の例 …………………………… 50
9. 窓・カーテン開閉により隣戸で聞こえる音の例 …………………………… 52
10. パター練習などにより隣戸・下階で聞こえる音の例 …………………… 54
11. 運動系ゲーム機により下階で聞こえる音の例 …………………………… 56
12. 機械駐車設備・駐輪機により聞こえる音の例 …………………………… 69
13. 近隣で発生する音の室内での聞こえ方の例 ……………………………… 70
14. 自然現象による音の室内での聞こえ方の例 ……………………………… 71
15. マスキング効果の例 ………………………………………………………… 103

　自住戸の何かの行為に伴って，他室で音が聞こえる場合があります．その状況の理解を深めるために，本書では，映像や音を視聴できるコンテンツを用意しています．音量は任意に調整できるので，実際ではほぼ聞こえないような音も，十分に聞くことができます．そのため本コンテンツで聞こえる／聞こえないことと，実際に聞こえる／聞こえないことは関係がありません．また音の再生には，優れた性能を持つスピーカーをお使いください．特にノートパソコンやスマートホンの内蔵スピーカーでは，低い音が十分に再生されないなど音の一部が聞き取れない場合があるので，ステレオ用のヘッドホンやイヤホンをお使いになることをお勧めします．また音量を上げすぎると耳や再生装置に悪影響を与えるおそれがあります．最初は音量を小さくし，試し聞きをしながら徐々に適正な音量に調整してください．

1章

知っておきたい「音」のこと

〈マンションの音環境〉
マンションではどんな音が聞こえるの？

 生活音のほか，設備機械の音，自然現象の音，近隣の音などが聞こえます

音は人々のコミュニケーションや状況判断などに大変重要な役割を果たしています。本書では，身のまわりにある音を総じて**音環境**と呼びます。音環境は，暑さ寒さなどの**熱環境**や換気などの**空気環境**とともに，快適な生活のために欠くことのできない要素の一つです。

マンションではさまざまなことがらが音環境に関係しており，足音や掃除機や洗濯機など**生活音**，エレベーターや機械式駐車場，ポンプや変圧器など**設備機械の音**，熱や風による**自然現象の音**，鉄道，自動車，工場など**近隣の音**など色々な音が聞こえます。

■ マンションのまわりの音環境の例

生活音	歩きまわり（足音），物の落下や引きずり，ドアや窓の開閉，カーテンの開閉，引き出しの開閉，家事の音，家電やテレビ，トレーニングマシンや楽器・ゲームなどの音
設備機械の音	給水設備，換気空調設備，電気設備，エレベーター，機械式駐車場などの音
自然現象の音	熱や風によるきしみなどの音
近隣の音	鉄道，自動車，飛行機，船舶などの音，事業所・工場，学校・幼稚園・保育園，病院などの音，公園，競技場，娯楽施設，商店街，ショッピングセンターなどの音

■ マンションのまわりの音環境

1章 知っておきたい「音」のこと

〈マンションの音環境〉
隣人との距離ってどれくらい？

**壁は 15cm，床は 20 〜 30cm 程度
相手は見えませんが，ほかの居住者が
すぐそばで暮らしています**

壁の厚さ

　一般的なマンションの壁の厚さは **15cm 程度**，壁1枚向こうはほかの住戸です。一戸建てと比べ極めて近い距離にほかの居住者が生活しており，たとえ壁がコンクリートでできていたとしても，一戸建てよりも当然音が伝わりやすくなります。

■ 周辺住戸との距離（一戸建てとマンションの違い）

一戸建て

マンション

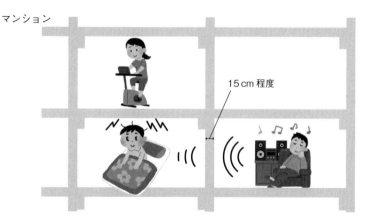

15cm 程度

4

床の厚さ

　一般的なマンションの床の断面は下のイラストのようになっています。主要な構造物である鉄筋コンクリートの上下に，仕上げ用の床材や天井材が取り付けられており，この床を挟んで，生活様式の異なる居住者がそれぞれ暮らしています。

　私たちの体重や家具の重さであれば 10 cm 程度の床厚の鉄筋コンクリートで支えることができますが，足音や物の落下音の軽減などのため，近年では **20〜30 cm 程度** の床厚が採用されています。それでも伝わる音をゼロにはできません。

■ マンションの床断面

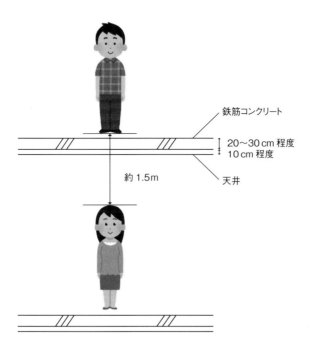

〈マンションの音環境〉
どんな音が伝わりやすいの？

足音や物を落としたときの音など衝撃による音が比較的よく伝わります

生活の場であるマンションではさまざまな行為が行われますが，どのような行為による音が周辺住戸に聞こえやすいのでしょうか。

近年建設された一般的な鉄筋コンクリート造のマンションを例とした場合，周辺住戸の話し声はほとんど聞こえません。一方，**衝撃系の行為に伴う音**，具体的には床や壁をたたく，床や壁に物をぶつける・落とす，床の上を歩く・走る（足が床にぶつかるに近い），ピアノや打楽器を演奏する音などはある程度聞こえます。

話し声のように空気中を伝わる音（**空気音**）は，壁や床によって遮りやすいため周辺住戸に伝わりにくく，物をぶつけたときのように建物を振動として伝わる音（**固体音**）は，その振動を遮ることがむずかしいため周辺住戸に伝わりやすい傾向があります。裏を返せば，**建物に振動が伝わらないように工夫**すれば，周辺住戸に**音が伝わることが少なくなる**ともいえます。

先にあげたような衝撃系の行為は，生活の中である程度はやむを得ませんが，**衝撃系の行為に特に配慮した生活**を互いに実践することができれば，より快適な生活が送れるようになるでしょう。

■ 物をぶつけたときは周辺住戸に音が伝わりやすい

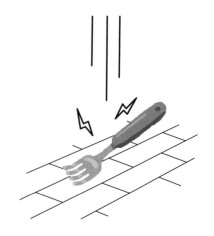

〈マンションの音環境〉
足音は直上階が原因なの？

足音は必ずしも直上階の居住者が原因とは限りません

　足音の原因は直上階の居住者とは限りません。ある調査では，直上階よりも斜め上の階の足音のほうが大きくなったり，直上階と隣の足音が同程度の大きさだったりしました。

　また，最上階の住戸の**天井方向から，斜め下住戸の工事の音**が聞こえてきた事例もあります。

　前述のように，足音を含む**固体音**は，建物に一度振動が伝わってしまう**と建物内を広く伝わる**性質を持っています。そのため「聞こえた方向＝原因住戸の方向」とはならないケースが出てきます。原因住戸を**安易に決めつけてしまわないことが大切**です。

■「聞こえた方向＝原因住戸の方向」とはならないケースも

最上階なのに下階の工事の音が上から聞こえる

〈マンションの音環境〉
騒音問題を難しくしている一因は？

出した音が周辺住戸でどのように聞こえているか自分で聞くことができないことです

　生活音による騒音問題の解決を難しくしている一因として，**自分で出した音**が周辺住戸でどのように聞こえているか，**自分で聞くことができない**という点が挙げられます。

　ヘッドホンで音楽を聴いているときに呼び掛けられると，周りが驚くような大声で返事をしてしまう場合と似ています。自分の声が聞こえていないので，声の大きさをコントロールできないのです。マンションでも同様に，自分で出した音がどのように聞こえているか自分では聞けないので，思っているよりもずっと大きな音が周辺住戸に伝わっているのかもしれません。

　一方，周辺住戸からの騒音に悩まされている受け手側居住者は，苦情を申し立ててもいっこうに解消されず，周辺住戸の居住者の気遣いのなさを不満に感じているかもしれません。しかし，周辺住戸の居住者は，自分で出した音がどのように伝わっているか把握できないがために，**音の大きさをコントロールできずにいる**のかも

しれません。

　このような理解が互いにある場合とない場合では，騒音問題への対応はずいぶんと異なった結果になると考えられます。

■ あなたが思うよりも
　大きな音が伝わっている場合も

〈マンションの音環境〉
生活環境の変化が騒音問題を引き起こす？

 引越，家族構成の変化，生活パターンの変化などが関係する場合があります

　さまざまな居住者が住んでいるマンションでは，騒音問題が生じやすい生活環境の変化がいくつかあります。

周辺住戸で引越があった

　周辺住戸が引っ越したことが，新たな騒音問題につながる場合があります。
　下のイラストは，上階の居住者が入れ替わった後に下階の居住者から苦情が出やすいケースと，下階の居住者が入れ替わった後に下階の居住者から苦情が出やすいケースです。

　実際にはさまざまな要素が関連するので，イラストのように単純ではありませんが，**一方が同じように生活していても，他方の居住者が変れば騒音問題が生じる**可能性があります。

■上下階の組合せが変わり，下階の居住者から苦情が出やすいケース

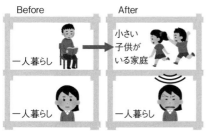

上階の居住者が入れ替わった
（下階の居住者は同じ）

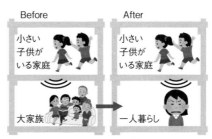

下階の居住者が入れ替わった
（上階の居住者は同じ）

家族構成が変わった

　自宅や周辺住戸の家族構成や住まい方が変わったことが，新たな騒音問題につながる場合があります。

　下のイラストは，上階の居住者の住まい方が変わったことで下階の居住者から苦情が出やすいケースと，下階の居住者の家族構成が変わったことで上階の居住者に苦情を言いたくなるケースです。

　これも実際にはさまざまな要素が関連するので，イラストのように単純ではありませんが，**居住者が同じでも家族構成が変われば騒音問題が生じる**可能性があります。

■ 家族構成や住まい方が変わり，下階の居住者から苦情が出やすいケース

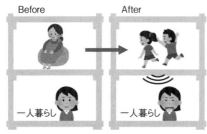

上階の居住者に子供が生まれ大きくなった

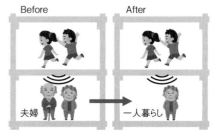

下階の居住者の配偶者が亡くなり独り身となった

生活パターンが変わった

生活パターンが変わったことが，新たな騒音問題につながる場合があります。

例えば，夜間勤務となり，明け方に帰宅して入浴するようになったら，周辺住戸から静かにして欲しいと言われたり，逆に朝に就寝するようになったため，日中の周辺住戸の生活音が気になるケースがあります。

また，**ゴルフのパター練習**や**楽器演奏**などの**趣味**をはじめたことで苦情を言われるケースもあります。床や壁に振動が伝わるような道具や楽器（サイレント楽器を含む）などは，自室内ではそれほど音が出なくても，周辺住戸には音の影響が生じる場合がありますので，これらの利用にも配慮が必要です。

また**昼間であれば特に苦情とならないような行為**でも，多くの人が寝静まった**深夜では苦情となる**場合があります。

■ 夜勤あけ明け方の入浴

〈マンションの音環境〉
家具や家電が騒音問題を引き起こす？

 家具の移動・購入，家電の購入などが関係する場合があります

家具を買った，家電を取り替えたことが，**新たな騒音問題**につながる場合があります。

下の表は，音環境に影響しやすい家具・家電の移動・購入の例です。あらかじめ周辺住戸への影響を確認してから家具や家電を購入することは難しいので，実際には「苦情がきてからはじめて影響がわかった」というケースも多々あります。**床や壁に振動が伝わるような家具や家電**は，周辺住戸にも音の影響が生じやすい傾向にありますので，これらの利用には配慮が必要です。

■ 音環境に影響しやすい家具・家電の移動・購入の例

家具を移動した	周辺住戸との壁にタンスを移動した。タンスを壁にぴったり付けため，引き出しの開閉の音が周辺住戸に伝わった。
ホームベーカリーを購入した	作りたてのパンを食べたくて，朝に焼き上がるようにタイマーをセットした。生地をこねるときの振動が，深夜に周辺住戸に伝わった。
深夜に掃除・洗濯をした	夜にも掃除・洗濯ができるよう静音タイプの家電を買った。深夜に使ったら周辺住戸からうるさいと言われた。
エアコンを取り替えた	エアコンを取り替えて静かになったら，周辺住戸の音が気になるようになった。

12

〈マンションの音環境〉
リフォームが騒音問題を引き起こす？

フローリングへの張り替え，浴室の位置の変更などが関係する場合があります

　部屋のリフォームが，騒音問題につながる場合があります。

　下の表は，音環境に影響しやすいリフォームの例です。例えば**寝室の上階が浴室**になると**騒音問題**になる場合があります。部屋の配置を変更するリフォームの際には注意が必要です。管理規約でリフォームの内容にルールを設けてある場合も多いのでよく確認してください。

■ 音環境に影響しやすいリフォームの例

じゅうたんを敷いていた床をフローリングにした	床をフローリングにリフォームしたら，下階から足音がうるさいと言われた。
断熱用のインナーサッシを取り付けた	断熱用のインナーサッシを取り付けたら，屋外の自動車騒音は小さくなったが，周辺住戸の音が気になるようになった。
浴室の位置を変更した	浴室の位置を変更したら，下階の寝室の上だったため，深夜の入浴の音がうるさいと言われた。
寝室の位置を変更した	寝室の位置を変更したら，上階の浴室の下だったため，就寝中に入浴の音が気になるようになった。
押し入れを撤去した	周辺住戸との間の壁にある押し入れを撤去したら，周辺住戸の音が気になるようになった。

〈マンションの音環境〉
共用部のリニューアルが騒音問題を引き起こす？

自動ドアやエレベーターの更新などが関係する場合があります

共用部をリニューアルした，共用部に**機器を設置**したなどの変化が，**新たな騒音問題**につながる場合があります。

下の表は，音環境に影響しやすい共用施設のリニューアルの例です。リニューアルに先立ち防音対策を検討する場合もありますが，その影響を正確に予測することは難しいので，実際には「リニューアルしてみてはじめて影響がわかった」というケースもあります。騒音問題が発生しはじめた時期がわかれば，リニューアルの工事日などと照らし合わせて，原因を絞り込めることもあります。

■ 音環境に影響しやすい共用施設のリニューアルの例

エントランスの自動ドア	手動ドアから自動ドアにリニューアルした際，モーターの音が上階で聞こえるようになった。
エレベーター	エレベーターを更新した際，巻き上げ機のギアの調整不足により，最上階周辺住戸でギアの音が聞こえるようになった。
通信回線の中継器	インターネット用の中継器を新たに導入し，倉庫に設置したら，冷却ファンの ON/OFF に伴ううなり音が周辺住戸で聞こえるようになった。
セキュリティドア	夜間の出入りを規制するため，裏口にドアを設けた。ドアの周辺住戸で開閉音が気になるようになった。

〈マンションの音環境〉
周辺環境の変化が騒音問題を引き起こす？

隣りのビルの室外機が増えた，道路拡張で交通量が増えたなどが関係する場合があります

　マンション周辺にある建物・道路・鉄道などの**音源状況の変化**が，**新たな騒音問題**につながる場合があります。

　下の表は，音環境に影響しやすい音源の変化の例です。因果関係を立証することが難しい場合もありますが，騒音問題が発生しはじめた時期と工事などが実施された時期を照らし合わせて，原因を絞り込むこともあります。

■ 音環境に影響しやすい音源の変化の例

隣接ビルの室外機	隣接して建設された商業ビルに，室外機が多数並んだことで室内がうるさくなった。
自動車往来の変化	バイパス道路が完成し，夜間，前面道路を通過する自動車が増えたため，眠れなくなった。
鉄道軌道の変化	目の前を走る鉄道で工事が行われ，ポイント（線路切替機）が追加された。ポイントを通過するたびにガタンゴトンと音がするようになり，室内がうるさくなった。

〈音の基礎知識〉
音の三要素とは何ですか？

 音の大きさ，音の高さ，音色です

音の大きさ，**音の高さ**，**音色**は，**音の三要素**と呼ばれています。

一般的には大きく聞こえるほうがうるさいと感じる場合が多いのですが，小さい音でも気になる場合があります。

また人間の耳は低い音ほど感度が鈍くなり聞こえにくくなります。ただ，どの高さの音・どんな音色をうるさく感じるかは，個人差があります。

■ 音の三要素

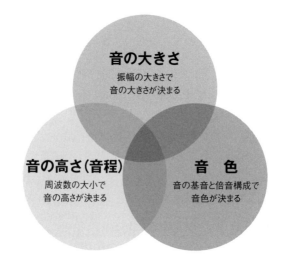

〈音の基礎知識〉
年齢とうるささは関係する？

聴力の変化とうるささの関係は
まだよくわかっていません

聴力は年齢とともに衰えます。下の図は，年齢と聴力の一般的な関係を表していますが，**高い音**ほど年齢による聴力の衰えが大きいことがわかります。加齢に伴うこのような聴力の変化と，うるささの感じ方がどのように関係するかはまだよくわかっていません。また，加齢に伴う聴力の衰えも個人差があり，どこまで小さい音を聞き取れるか，それがうるさいと感じるかどうかは，個々人によります。

■ 年齢と聴力周波数特性の関係（出典：立木 孝『よくわかる難聴』金原出版，2007）

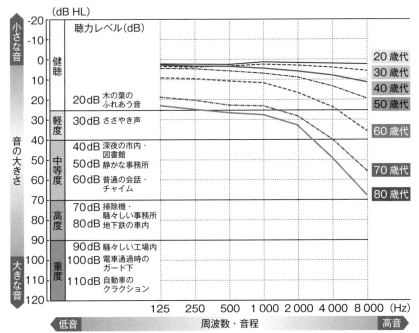

1章 知っておきたい「音」のこと

〈音の基礎知識〉
低周波音ってどんな影響があるの？

建具のガタつきなどの物的影響，不快感や圧迫感などの心身影響があります

低周波音は，人間の耳に聞こえる低い周波数の音や，人間の耳に聞こえないさらに低い周波数の空気の振動を指します。一般に耳で聞こえる周波数の範囲は 20 ～ 20 000 Hz といわれており，低周波音の範囲は **1 ～ 100Hz** 程度とされています。

ある大きさ以上の低周波音があると，窓などの建具がガタついたり（**物的影響**），不快感や圧迫感など（**心身影響**）を感じたりすることがあります。環境省では，地方公共団体における低周波音問題の対応に役立てるため，「**低周波音問題対応の手引書**」を作成し，申し立てが低周波音による苦情かどうかを判断する目安となる値（物的苦情に関する参照値と心身に係る苦情に関する参照値）を示しています。

なお，「心身に係る苦情に関する参照値」は，一般の人の 90％の人が寝室で許容できるレベルとして設定した値ですが，個人差が大きく，「参照値は，低周波音についての対策目標値，環境アセスメントの環境保全目標値，作業環境のガイドラインなどとして策定した値ではない（環境省）」とされています。

例えば，乗り物の内外では参照値を超えるような低周波音がしばしば観測できますが，気分が悪くなる人が続出する事態にはなりません。一方，参照値を下回っていても健康被害が発生した事例（消費者庁の家庭用ヒートポンプ給湯器に関する報告書など）もあり，まだ不明な点，研究が必要な点が多くあります。

〈音の基礎知識〉
暗騒音とは何ですか？

A 着目している騒音以外のすべての騒音をいいます

暗騒音とは，**着目している騒音以外のすべての騒音**をいいます。

例えば，周辺住戸からの足音が気になってそれに着目した場合，それ以外の騒音，すなわち室内で聞こえる屋外の騒音，エアコンやテレビの騒音，家族の生活に伴う騒音などはすべて暗騒音になります。

暗騒音の大きさは，着目した騒音の気になる・気にならないの程度や，わかる・わからないの程度と深く関係します。上記で例としてあげた足音の場合，足音の大きさ自体は同じでも，暗騒音が大きければあまり気にならず，暗騒音が小さければ気になりやすくなるという影響（効果）が生じます。

また，着目した騒音が，暗騒音により気になりにくくなる現象を**マスキング**といいます。マスキングには「**音で音を隠す**」という意味があります。

■ 暗騒音によるマスキング効果

〈音の基礎知識〉
空気音・固体音とは何ですか？

  音の伝わり方で分類した言葉です

空気音と固体音は，音を伝わり方で大きく2つに分類した言葉です。

空気音（空気伝搬音ともいう）は，音源から出て**空気中を伝わり**耳に届く音を指します。一方，**固体音**（固体伝搬音ともいう）は，振動源から出た振動が建物の**構造体など**（コンクリートや鉄骨の柱・梁・床などの部材）**を伝わり**，その振動が部屋の壁などを振動させて，壁がスピーカーのようになって生じる音を指します。**空気音の発生源は音源**ですが，**固体音の発生源は振動源**です。また空気音はすべてが音として伝わりますが，固体音は途中まで振動として伝わるという違いがあります。

空気音の代表例には，人の声，飛行機や自動車の騒音，バイオリンや管楽器の音があります。

また，**固体音の代表例**には，上階の足音や物を落とす音・ぶつける音・たたく音，建物内のどこか遠くで電動ドリルを使っている音，地面から伝わってくる地下鉄の音などがあります。

■ 空気音の伝わり方

空気音は隣戸よりも遠い住戸には伝わりにくい

空気音の特徴は，固体音と比べると**遮りやすい**ことです。音源を箱状のパネルなどで囲ったり，音源との間に壁を立てることで小さくできます。また距離に応じて減衰します。

　一方，**固体音の特徴**は，空気音と比べると**遮りにくい**ことです。振動源との間に壁を建てても，振動源を箱状のパネルなどで囲っても小さくなりません。小さくするには振動源の振動を建物の構造体などに伝えにくくする必要がありますが，上記で挙げた代表例でもわかるように，振動源に対策を施すこと自体が難しい場合も多々あります。また一度構造体に伝わってしまった振動は，**空気音ほど減衰することなく建物の広い範囲に伝わる**特徴があるため，振動源から遠く離れた場所でも聞こえることがあります。

　なお，前述したマスキング効果（まわりの暗騒音を大きくすると，対象とする音が気になりにくくなる現象）は，空気音・固体音とも有効な方法です。

■ 固体音の伝わり方

固体音は隣戸のみならず遠い住戸にも伝わりやすい

〈音の基礎知識〉
窓の防音性能が高いほど快適ですよね？

 ほどほどの防音性能が望ましい場合もあります

　昨今のマンションでは，省エネ性能を高めるため，高気密・高断熱の窓サッシが使われるようになりました。このため遮音性能も高まり，屋外から室内に伝わる騒音（暗騒音）が小さくなることで，室内が静かになってきています。静かになること自体は，安眠しやすいなどの効果を生みますが，一方で**暗騒音のマスキング効果が薄れ**，これまで暗騒音に隠れて気にならなかった**周辺住戸からの生活音など，気になりやすくなる**という弊害も生じています。

　リフォームで窓の断熱性能を高める場合も上記と同じような事態が生じることがあるので，慎重な対応が望まれます。

　音環境性能からみると，暗騒音がそれなりに存在し，「静かにしすぎない」ほどほどな状態が幸せなのかも知れません。省エネと両立する設計方法はこれからの課題です。

〈音の基礎知識〉
音を聞く状況がうるささに関係する？

A うるささや気になりやすさには
さまざまな状況が関係します

場所・時間帯・頻度・着目度

前述した暗騒音によるマスキング効果にも関係しますが，例えば同じ大きさの生活音が周辺住戸から伝わってきた場合，テレビのついているリビングで聞くのと，静かな寝室で聞くのでは印象が異なります。また昼間なのか深夜なのか，一過性なのか繰り返されるのか，何かをしながら聞くのかそれだけに集中して聞くのかによっても，うるささや気になりやすさが違います。

■ 寝室・夜間だと気になりやすい

音源が見える／見えない

例えば，マンションの窓から音源がよく見える場合は，「あの機械がうるさい」など，指摘が明確になりやすい傾向があります。
一方，走っているところが見える鉄道の騒音はあまり気にならないのに，走っているところが見えない地下鉄の固体音は，関心が音に集中してしまい気になりやすい場合もあります。

〈音の基礎知識〉
気になりやすさは生活環境にもよるの？

 生活環境が関係する場合もあります

　例えば、小さな子供と一緒に暮らしていて毎日がにぎやかであれば、周辺住戸からの多少の物音は気にならないでしょう。一方、テレビやラジオなど音響装置をつけておく習慣がなく、一人で静かに暮らしていれば、周辺住戸からのちょっとした生活音も気になる場合があります。

　また小さいときからマンションで暮らし、周辺住戸から生活音が聞こえる状態を日常として育ってきた人と、静かな一戸建てで育ち周辺住戸からの生活音を聞いたことがなかった人では、生活音の感じ方も異なると考えられます。

■ にぎやかな環境とひっそりとした環境では気になりやすさが違うことも

〈音の基礎知識〉
足音や歌声が気になりやすいのはなぜ？

A 音に意味合いがあるかないかでも感じ方が変わります

有意味騒音・無意味騒音は、聞こえてくる**音に意味合いが感じられるかどうか**で騒音を分類した言葉です。

例えばカラオケの歌声やピアノの音、足音、トイレの音などは、言葉の意味や曲のリズム、行為の状態などが感じられるので有意味騒音に分類されます。

一方、換気扇の音のようにずっと一定の音、窓を開けたときの町全体のざわめきなどには意味やリズム、行為の状態が感じられないので無意味騒音に分類されます。

同じ大きさで比較すると**無意味騒音よりも有意味騒音のほうが、気になる程度が高い**といわれています。

■ 有意味騒音のほうが無意味騒音より気になりやすい

〈こんなことも知っておきたい〉
もっと静かなマンションってできないの？

 技術的には可能ですが，高額な費用がかかります

　鉄筋コンクリートの床は，ピアノや本棚などの重量物を載せても十分耐える強度を持っていますが，物を落としたりするとその衝撃で振動が生じ，固体音が発生します。人が歩いたときも同じです。強度のある鉄筋コンクリートといえども振動をゼロにするのは難しく，「コン」「ドシン」という固体音が下階に伝わります（足音による固体音を**床衝撃音**といいます）。

　鉄筋コンクリートの床厚を増すことで床衝撃音を小さくできますが，床を支える柱や地下の基礎も大きくする必要があり，居住空間が狭くなります。また仕様の追加・変更に伴い，かなり**高額な費用**がかかります。

　一般的にマンションの設計時（販売前）には，どのような方が居住するかわかりません。特別大きな騒音を発生する方の住戸と，非常にデリケートな方の住戸が隣り合うことまで想定して騒音対策を行うと，大多数の購入者にとって過剰な仕様となり，そのコストを購入者全員で負担するのは適切ではありません。

　そのためマンションの音環境の設計目標は，コストパフォーマンスを考慮した合理的な判断の下，ある程度聞こえることを許容し，大多数の居住者の住まい方・感じ方において苦情がほぼ出にくい，**ほどよい性能・ほどよいコスト**となるように設定されているケースが多いと考えられます。

　また，住みはじめてからリフォームにより防音性能を高める例もありますが，設計当初から対策されたマンションと比較して仕様や防音性能に制約が生じたり，リフォーム前より居住範囲が狭くなる場合があります。また音源や振動源によっては，対策自体が困難な場合もあるので，それらを理解したうえで，リフォームするのがよいでしょう。

〈こんなことも知っておきたい〉
コンクリートなら音が伝わらないのでは？

 音を伝えにくい材料ですが ゼロにはなりません

　コンクリートは石のように強固な材料です。建物で使う材料の中では比較的**空気音を伝えにくい材料**ですが，強固なために**固体音のもととなる振動を伝えやすい材料**でもあります。そのため鉄筋コンクリート造のマンションであっても，周辺住戸の**足音や生活音などをゼロにはできず**，ある程度聞こえる場合があります。どの程度の音が伝わるか，伝わってきた音をどのように感じるかは，物件や居住者ごとに異なります。

　なお，鉄筋コンクリート造のマンションでも，採光や換気，出入りのために窓や換気口，扉などがあり，さらに内装材料の壁や天井，戸境材料の壁や床（二重床）もあって，これらはすべて空気音や固体音の伝わりやすさに関係します。そのため，マンション全体でバランスのとれた防音対策が実施されていることが大切です。

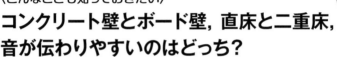

〈こんなことも知っておきたい〉
コンクリート壁とボード壁，直床と二重床，音が伝わりやすいのはどっち？

壁は仕様次第，二重床は足音が増幅されます

　戸境（こざかい）は周辺住戸との間の壁や床を指します（**界壁・界床**（かいへき・かいしょう）ともいいます）。戸境の壁は，**コンクリート**で作られる場合と，**石膏ボード**で作られる場合があります。石膏ボード壁の場合は，「数枚の石膏ボード＋空洞（LGSと呼ばれる支柱や，吸音材料のグラスウールを含む）＋数枚の石膏ボード」などコンクリート壁と比較して軽量の仕様となっており，建物重量を軽減する必要のある超高層マンションのほとんどで採用されています。石膏ボード壁はコンクリート壁に比べて軽量ですが，**同厚のコンクリート壁よりも音を伝えにくい**仕様もあります。

　また戸境の床は，通常，**直床工法**（じかゆか）か**二重床工法**（にじゅうゆか）のいずれかでできており，昨今では後者が多用されています。

　二重床は配管・配線などのリニューアルがしやすいメリットがありますが，**下階への足音は直床工法よりも大きくなりやすい傾向**にあります。一見，床が二重になっているので足音が小さくなるように思われますが，二重床の間の空気の共鳴などさまざまな要因により，直床よりも足音が増幅される現象（太鼓現象）が生じます。

　この現象を軽減するため，二重床と壁の間に，**空気抜きのための隙間**を設けるなどの対策が行われています。よってリフォームのときなどにこの隙間をふさいでしまうと，足音が大きくなる場合があるので注意が必要です。なお**二重床は，人の声などの空気音は伝えにくい**という特徴があります。

■ 音環境に影響する戸境床の工法

直床工法	コンクリートの床（スラブ）に，フローリングなどの仕上げ材料を直接貼る工法
二重床工法 （正確には乾式二重床工法）	コンクリートの床の上に「束（つか）」で支持した木製などの二重床を作り，その上にフローリングなどの仕上げ材料を貼る工法。下階への足音は直床工法よりも大きくなりやすい傾向にある。人の声などの空気音は伝わりにくくなる。

■ 戸境床の例

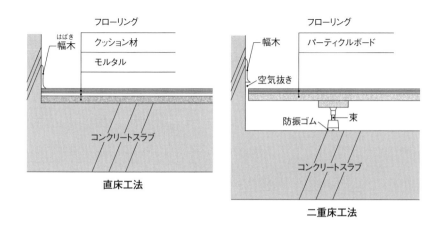

〈こんなことも知っておきたい〉
吸音材料と遮音材料と防振材料って何が違うの？

A それぞれ音を小さくする材料ですが用途が異なります

　吸音材料は，**音を吸う材料**（音のエネルギーを吸収する材料）で，**グラスウール**のような綿状や**ウレタンフォーム**のようなスポンジ状の**空気を通す材料**でできています。吸音材料は取り付けた部屋の響きを少なくするときに使います。例えば大浴場やトンネルの中のようによく響く場所では会話が聞き取りにくいですが，吸音材料を使って響き抑えると，会話が聞き取りやすくなります。

　一方，**遮音材料**は，**音を遮る材料**で，**鉄筋コンクリート**や**石膏ボード**，**遮音シート**，**ガラス**など，**空気を通さない材料**でできています。周辺住戸との間を遮音材料ですべてふさいでしまうことで，周辺住戸から伝わる空気音を小さくすることができます。

　また**防振材料**は，**振動を伝えにくくする材料**で，**ゴムやバネ**などがそれにあたります。振動源と建物との間に防振材料を設けることで，振動源から伝わる振動を減らし，固体音を小さくすることができます（4章の「固体音の対策は？」も参照）。

　それぞれ用途が異なりますので，**適材適所で用いること**が必要です。

　なお建物の構造部材を強固にすることで，歩行時に建物に伝わる振動を小さくする方法もある（結果的に足音の対策になる）ので，構造部材の床には鉄筋コンクリートが多用されています。また石膏ボードの壁の中の空気層に吸音材料を入れて，遮音性能を高めるなど複合的な使い方をする場合もあります。

〈こんなことも知っておきたい〉
億ションなら音の性能もハイクラス？

 遮音性能と販売価格の関連性は低い と思われます

　一般的に**マンションの価格差のほとんどは土地の値段や面積の違い**です。また内装仕上げのグレードなども多少関係しています。特別な「防音マンション」を除けば，遮音性能と販売価格の関連性は低いと思われます。また分譲と賃貸の間で明確な性能差を付けることも聞きません。遮音性能の善し悪しは，そのマンションの設計時にディベロッパーが**どのような目標を設定していたか**の影響のほうが大きいと考えられます。

■ 遮音性能は，ほどんど変わらない

〈こんなことも知っておきたい〉
音が聞こえたら欠陥マンション？

「音が聞こえない」という設定のマンションはありません

ほどよい性能，ほどよいコストのバランスをどう設定するかは，各ディベロッパーの考え方次第ですが，**「音が聞こえない」という設定のマンションはありません**。

マンションの遮音性能は，基本的に**低減量**（どれくらい減じられるか）で設定されているので，音源や振動が大きくなれば，それにスライドして受け手側の音も大きくなります。そのため，受け手側の音の大きさだけでは低減量が小さいのか，音源や振動源が大きいのかの判断が難しいのです。

なお，鉄筋コンクリート造と比較して**木造，プレハブ造，鉄骨造**は周辺住戸の**音が伝わりやすい**傾向にあります。

■「音が聞こえる＝遮音性能不足」とは一概に判断できず

遮音性能を過重にするとマンション価格が高くなりすぎるため，ほどよい遮音性能，ほどよい価格となるよう設定している。

〈こんなことも知っておきたい〉
騒音問題に適切に対応するには？

騒音問題に関する知識を持ち，落ち着いて対応することが大切です

マンションの音環境には，建物の遮音性能以外にも，居住者の住まい方や感じ方など，さまざまなことがらが関係していることを説明してきました。このような音環境に対して，居住者間で理解や期待に幅があり，そのギャップが誤解やトラブルの原因になる場合もあります。

そのため，これまで述べてきたような**知識の有無**も，重要なポイントになります。知識がなければ，不安になったり，見当違いの対応または過剰な対応をとってしまう可能性もあるでしょう。しかし，知識があれば多少音が聞こえてもそれほど気にせず暮らせますし，仮にうるさいと感じても**落ち着いて適切に対応**できます。

落ち着いて対応することが，結局のところ早くて混乱の少ない結果をもたらすことが多いと考えられます。

■いろいろな知識があると落ち着いて対応できる

騒音トラブルに
なるまえに
マンションの音マナー

日常生活の音や趣味・娯楽の音を小さくするにはどうすればいいの？

 日常生活の音は気遣いで小さくすることができますが，趣味・娯楽の音は工夫が必要です

マンションでは，住戸内での歩行や入浴，掃除・洗濯やドアの開閉などの生活に伴い発生する音（**日常生活の音**）や，運動やゲーム，趣味で使う装置などから発生する音（**趣味・娯楽の音**）があります。

日常生活の音（生活音）は，住まわれている方の**気遣い（マナー）**（ゆっくり歩く，腰掛を引きずらない，バスマットをひく，掃除機を壁に当てない，夜間の洗濯を避ける，ゆっくりドアを閉めるなど）で，周辺住戸への音をある程度まで小さくすることができます。

ランニングマシン，ステレオ，ピアノなどから発生する**趣味・娯楽の音**は，日常生活の音と比べて大きな音や振動が発生します。音を小さくするためには設置場所に気を付けたり，**防音パネル**や**防音室**を設置したり，振動発生源と床との間に振動を絶縁するための**防振マット**を入れたりするなどの**工夫**がありますが，それでも一般のマンションは，これらの**音が聞こえなくなるようには設計されていません**。

2章では日常生活の音や趣味・娯楽の音のマナーや工夫について紹介しています。

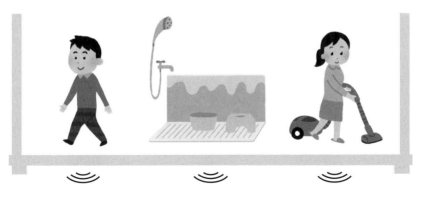

日常生活の音（生活音）は気遣い（マナー）で，ある程度小さくできます。

趣味・娯楽の音を小さくするには，気遣いに加えて，設置場所や防音・防振などの工夫が必要となります。

〈日常生活の音〉
どうして足音が聞こえるの？

頭上1.5mに人が生活しており，伝わってくる音をゼロにすることはできないためです

マンションで生活していると，時に上階から「ドンドン」「ドスン」「ドシドシ」といった足音（**重量床衝撃音**：固体音の一種）が聞こえてくることがあります。それはどうしてでしょうか。

マンションは，土地を有効に利用するため，住戸を上に積み重ねています。そのため，**頭上の約1.5～2mには上階の居住者が生活**しており，音環境の影響を受けやすくなっています。

鉄筋コンクリート造の**マンションの床は，20～30cmの鉄筋コン**クリートです。このくらいの厚さの鉄筋コンクリートだと足音は伝わらないように思えますが，実際には歩いたときに生じる床の振動をゼロにはできず足音が伝わります。

体重の軽い子供や，ゆっくりと歩く高齢者では，下階に伝わる足音が小さくなりそうですが，足音の大小は足の運び方などいろいろな要因よって決まるため，必ずしも小さくなるとは限りません。

先にも書いたように，二重床では直床より足音が大きくなる傾向があります。

こんなふうに聞こえています

上階などからの足音は，次のようなさまざまな要因により，大きさや音色が変化します（1章の「足音は直上階が原因なの？」もご覧ください）。［**体験コンテンツ** 1 下階で聞こえる足音の例］

◎ 歩き方：ひざやかかとの使い方，体重のかけ方，歩行や小走りなど
◎ 履物：履物の有無，下底の固さやへたり具合など
◎ 床の表面（床仕上げ）：フローリング，カーペット（毛足の長さ・クッション材の有無）
◎ 建物の仕様：コンクリート床，床仕上げ（二重床，直床），下階天井

マナー・工夫

　足音の大きさは，基本的に床に加わる力（歩く人の体重・歩き方・履物などに関係）と床構造に依存するため，残念ながら下階側での対策は困難です。

　上階からの足音を低減するには，**上階の居住者の住まい方に期待**するしかありません。しかし，上階の居住者も自分の足音がどのように伝わっているか認識しておらず，悪気はないことがほとんどです。上下階の居住者が入れ替わって，どのように足音が聞こえるかを確認することができると互いの理解が深まります。音響の専門家の立ち合いのもと，実際に入れ替わって足音を体感することで問題を解決した事例もあります。

　下階に伝わる足音を小さくするためにコンクリート床や床仕上げに手をつけることは難しいのですが，**歩き方を工夫**することで，ある程度小さくすることは可能です。

　同じ人が歩いても，歩き方の違いで下階に伝わる足音は，大きく変わります。**体が持っているクッションの仕組み**を使うと足音を小さくすることができます。[**体験コンテンツ** 2 下階で聞こえる足音の例]

重量床衝撃音が小さくなる方向 →

特に意識せずかかとから着地・ひざも使わず歩く

かかとの着地がやわらぐように配慮して歩く

さらにひざを柔らかく歩く

　スリッパを履くことにより，下階に伝わる足音が軽減される場合があります。スリッパのクッション効果もありますが，スリッパを履くことで無意識のうちに足音が小さくなるような歩き方をしているのではないかとも考えられています。[**体験コンテンツ** 3 下階で聞こえる足音の例]

〈日常生活の音〉
足音のほかにはどんな音が下階に伝わる？

A スプーンなど軽くて硬い物を落とした音，椅子を引きずる音なども伝わります

つい落としちゃった・・・

子供が遊んでおもちゃやテレビのリモコン，スプーンやフォークを床に落としたときにも，音が下階などに伝わります。日常生活の中の何気ない行為にも注意が必要です。なお，このような軽くて硬い物を床に落とした場合，下階では「コン」「トン」「パタン」のように比較的高い音（**軽量床衝撃音**：固体音の一種）で聞こえます。

椅子の引きずりにも注意！

食事中や勉強中などに椅子を引きずると，「ゴトゴト」「ゴロゴロ」「ギーッ」などという音が下階に伝わります。床に凹凸があるとキャスターが付いた椅子が動くだけで下階に音が伝わってしまうこともあります。

こんなふうに聞こえています

椅子を引きずると,「ゴトゴト」「ゴロゴロ」「ギーッ」などという音が下階などに伝わります。

マナー・工夫

これらの音を小さくするには, **カーペット**などの柔らかい敷物を敷くことが有効です。表面が固いフローリングより柔らかい材質のほうが, 物を落したり椅子を引きずるときに建物に生じる振動を小さくしてくれるからです。

また, 椅子の引きずり音の対策には, フローリングへのキズつき防止として用いられている**椅子脚カバー**（チェアソックス）をつけることも有効です。[体験コンテンツ ④ 椅子の引きずりにより下階で聞こえる音の例]

これらの対策によって床から伝わる音（軽量床衝撃音）がゼロになるわけではありませんが, 小さくすることは可能です。

参考に椅子や机を引きずることが多い学校で行われている取り組みを紹介します。椅子や机の脚に切り込みを入れた使用済みの**テニスボール**をはめることで, 引きずりによって発生する音を小さくしている例です。もともとは, 難聴児向けに, 補聴器が机や椅子を引きずる音を拾いにくくするための工夫だそうですが, 現在では多くの学校で取り入れられています。

〈日常生活の音〉
入浴時の音がそんなに伝わるの？

ユニットバスの構造上，入浴時の音は固体音として周辺住戸に伝わるので夜中の入浴には配慮が必要です

　毎晩同じような時間に聞こえてくる謎の音，「ガタゴト」「ゴロゴロ」は浴室の**腰掛の引きずり音**，「カタン」「コトン」「コン」「ゴン」は**洗面器やシャワーヘッドを落とす音**かもしれません。テレビの音や子供の飛び跳ねなどは，気を付けていると思いますが，入浴時の騒音は忘れがちです。

　日中はあまり気にならないようなちょっとした音でも，夜間はまわりが静かなので，考えているよりもよく聞こえます。周辺住戸との**生活時間の違い**が騒音トラブルにつながることもあります。

　浴室（ユニットバス）は，脱衣所とバスルームの２枚の壁と扉で囲われているように見えるため，何となく音が漏れにくいイメージがあるかもしれません。しかし，一般にユニットバスは右の図に示すような構造のため，腰掛を引きずったり，シャワーヘッドなどを落としたりすると，その振動が周辺住戸に**固体音**となって伝わりやすくなっています。

こんなふうに聞こえています

浴室の腰掛の引きずり音は「ガタゴト」「ゴロゴロ」,洗面器やシャワーヘッドを落とす音は「カタン」「コトン」「コン」「ゴン」と聞こえることがあります。[**体験コンテンツ** 5 浴室の使用により下階で聞こえる音の例]

マナー・工夫

前述のように入浴に伴い,周辺住戸に固体音が伝わっている可能性があります。

腰掛の引きずり音を生じにくくするための有効な対策としては,すべり止め機能が付加された**風呂マット**を敷いたり,**すべり止めが付いた腰掛**を使うことが考えられます。また,柔らかい素材の風呂マットは,洗面器やシャワーヘッドの落下音を小さくするにも有効です。

■ユニットバスの構造と固体音の伝わり方

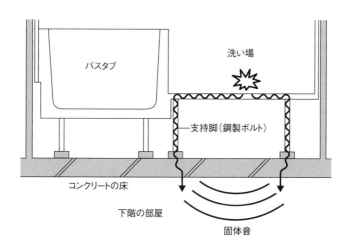

〈日常生活の音〉
料理のときに気を付けることは？

調理器具の取り扱いには配慮が必要です

朝夕にキッチンから「トントントン・・・」と**包丁で調理する音**が聞こえると，子供たちは「今日のごはんは何かなぁ？」と献立に期待を寄せます。ところが，この調理のときの音が周辺住戸に聞こえる場合があることをご存じでしょうか？

キッチンでは，包丁だけでなく**鍋やフライパン**などを使うときにも，さまざまな**振動**が発生しています。これらの振動が建物内に伝わるため，周辺住戸には**固体音**として聞こえてしまう場合があるのです。

また，**ミキサーやフードプロセッサー**などのモーターによる刃の回転で投入した食材を切り刻んだり混ぜる調理器具は，回転に伴って発生する振動が「ゴー」とか「ゴンゴン」という固体音として周辺住戸に聞こえる場合があります。

こんなふうに聞こえています

包丁で調理する音は「トントン」、ミキサーで調理する音は「ビーン」、鍋を乱暴に置くと「ドン」と聞こえることがあります。

■ 調理のときに発生する音

包丁で調理する音
「トントン」

ミキサーで調理する音
「ビーン」

鍋を乱暴に置く音
「ドン」

マナー・工夫

調理器具による固体音を小さくするには、建物に伝わる振動を小さくすることが必要です。そのために**布巾など柔らかい物**に調理器具を置くなど、ちょっとした工夫で音を低減できます。[**体験コンテンツ** 6 調理により下階で聞こえる音の例]

■布巾などを下に敷くと固体音を低減できる

ミキサーの下に布巾を敷いて調理する

布巾の上に鍋を置く

〈日常生活の音〉
バルコニーの騒音対策は？

 人工芝や防振のウッドデッキを設置することである程度騒音を低減することができます

バルコニーはベランダともいい，法律上は共用部ですが，ほとんどの場合その住戸の所有者・居住者が占有的に使用しています。バルコニーは避難経路にもなりうるため，非常時に蹴破れる隔て板1枚で，周辺住戸のバルコニーと接する場合もあります。**隔て板**には，**遮音性能はほとんど期待できない**ため，大声で騒いだり，携帯電話をかけたりすると，**周辺住戸の居住者の迷惑**となるばかりではなく，**自身のプライバシー**が簡単に漏れてしまいます。

バルコニーと似たような場所として**ルーフバルコニー**があります。これが普通のバルコニーと異なるのは，その**真下に住戸・居室がある**ことです。子供が走り回ったりすると，下階に「ドスドス」「コンコン」といった**足音（床衝撃音）**が伝わります。

■ ルーフバルコニー

マナー・工夫

バルコニーでは，**数 m の距離に周辺住戸**があることを，また**ルーフバルコニー**では，**その下に居室**があることを認識します。

人工芝や**柔らかいマット**を敷くことによって，「コンコン」「カンカン」といった音（軽量床衝撃音）を低減することができます。

しかし，子供が走り回ったりするときに発生する「ドンドン」「ドスドス」という足音（重量床衝撃音）を低減することはできません。防振ゴムなどの緩衝材で防振支持した**ウッドデッキ**などにより，下階へ伝わる重量床衝撃音をある程度低減することができますが，その仕様は音響専門家による十分な検討が必要です。

■ 防振支持したウッドデッキ

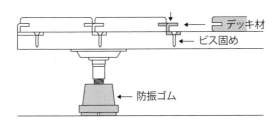

〈日常生活の音〉
掃除・洗濯のどんな音が伝わる？

A 掃除機のノズルが壁にあたる音，洗濯機のガタツキなどが伝わります

　毎日の生活に欠かせない家事も周辺住戸に音が伝わります。

　一つは部屋の掃除です。**掃除機**を使って掃除を行う際，部屋の隅々まできれいにしようとして，ノズル（ブラシ・ヘッド）が部屋の隅（床の端部）の**壁や幅木(はばき)に当たる**ことがよくあります。その力加減によっては，周辺住戸に固体音として聞こえてしまうことがあります。

　もう一つは洗濯です。例えば，**洗濯機**や洗濯乾燥機のドラムの回転により，決まった周期・リズムで**振動**が発生しますが，揺れた洗濯機が壁にぶつかったり，ガタついたりすると固体音として周辺住戸に聞こえる場合があるのです（特に洗濯物が片寄ったときは要注意です）。また，洗濯された衣類を干す際にも注意が必要です。最近，可動式の**物干しアーム**が設置される例が増えていますが，アームを出し入れする際，激しく動かすと，周辺住戸に固体音として聞こえてしまう場合があります。

こんなふうに聞こえています

掃除機は「トントン」，洗濯機は「ブーン」，物干しアームの上げ下げは「カタン」と聞こえることがあります。[**体験コンテンツ** 7 掃除や洗濯により隣戸で聞こえる音の例］

■ 掃除や洗濯時のときに発生する音

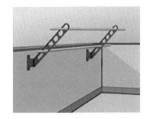

掃除機（ノズルが当たる）「トントン」　　洗濯機「ブーン」　　物干しアーム「カタン」

マナー・工夫

　掃除機を使うときの固体音は，ノズルを壁や幅木に当てる**力加減を弱くする**ことで小さくできることが多いです。

　また，洗濯機・洗濯乾燥機を設置するときは，少しでもガタツキがあると，周辺住戸に聞こえる音が大きくなる場合があるため，取扱説明書にある**設置方法を必ず確認**してください。多くの場合，ガタツキなく設置する方法が記載されています。

　一方で，近年，ライフスタイルの多様化に伴って，夜間でも家事を行える**低騒音型家電**なる商品が多く見受けられるようになりました。これらは，従来の家電よりも本体から発生する騒音や振動が小さくなるよう設計されています。

　しかし，低騒音型家電を使っても，掃除機のノズルが壁や幅木に当たって周辺住戸に聞こえる固体音に大きな変化はありません。そのため，**夜間・深夜**など就寝されている方が比較的多く，室内の暗騒音が小さい時間帯に使用すると，固体音などが問題となる場合があります。

〈日常生活の音〉
ドアや引き出しのバタン，どうする？

緩衝材の使用，家具の置き方でも低減できます

玄関扉や室内扉の開閉，家具や収納の引き出し・吊り戸棚などの開閉は，日々の暮らしの中で幾度となく繰り返されますが，時には勢い余って激しく閉めてしまう場合があります。

これらにより生じる振動は，周辺住戸で固体音となります。振動はあまり小さくなることなく建物内を伝わるため，広範囲の住戸に聞こえてしまう可能性があるのです。

例えば，玄関扉を勢いよく閉めると，1階下，2階下の部屋にまで「バタン」「ガタン」と聞こえることもあります。

こんなふうに聞こえています

玄関扉の開閉「バタン」，引き出しの開閉は「ドン」と聞こえることがあります。[**体験コンテンツ** 8 玄関扉・収納開閉により隣戸で聞こえる音の例]

■ 玄関扉・引き出しの開閉のときに発生する音

玄関扉の開閉「バタン」

引き出しの開閉「ドン」

マナー・工夫

扉や引き出しなどを開閉する際には，**静かにゆっくり開閉**することによって，また家具などは，**壁から少し離して設置**することによって，建物に振動が伝わりにくくなります。

また，下図のように**可動部の動きをゆっくりにする機構**や，衝突する部位に対して**緩衝材**（クッション）を取り付けるという騒音の低減方法もあります。

ドアクローザーによる
開閉スピード調整
（ドライバーで調整可）

戸棚用緩衝材（スムーブ）の
取り付け
（出典：（株）シモダイラHP）

戸棚-壁用緩衝材（涙目）の
取り付け

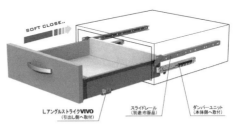

ダンパー付きの引き出しにする
（出典：高千穂交易（株）HP）

〈日常生活の音〉
窓やカーテンの開け閉めはうるさい？

 窓やカーテンの開け閉めはゆっくりと，レールの掃除も忘れずに

　起床後，窓やカーテンを開けて眩しい光を浴び，さわやかな空気を吸い込んで1日のはじまりを迎える方は多いと思います。このように普段当たり前のように行っている**窓やカーテンの開閉**も，周辺住戸に音として聞こえているかもしれません。

　窓や網戸を開閉するとき（特に閉めるとき），きちんと閉めようとするあまり力が入ってしまい，「ドスン」「ドン」という音（固体音）が聞こえることがあります。また，カーテンを開閉するときの「シャー」という音が聞こえてしまう場合があります。

こんなふうに聞こえています

　窓の開閉は「ドスン」，カーテンの開閉は「シャー」と聞こえることがあります。[**体験コンテンツ** 9 窓・カーテン開閉により隣戸で聞こえる音の例]

■ 窓・カーテンの開閉のときに発生する音

窓の開閉音「ドスン」

カーテンの開閉音 「シャー」

マナー・工夫

窓やカーテンの開閉は，なるべく**静かにゆっくりと行う**と建物に振動が伝わりにくくなります。また窓や網戸などは，日々使用するなかで滑りが悪くなり，開閉中も「ゴトンゴトン」という音・振動が発生する場合があります。**レール**にたまった砂やゴミを**こまめに掃除**したり，異常がみられた**戸車を調整・交換**することで，固体音を小さくすることも可能です。また，レール部の滑りをよくするために**シリコンスプレー**を使用する方法もあります。

■ シリコンスプレーの使用

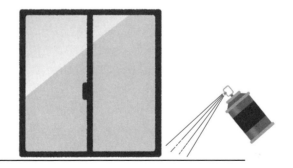

■ 戸車の調整・交換

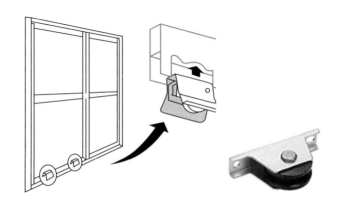

〈趣味・娯楽の音〉
Q ゴルフ練習，パターマットを使えば大丈夫？

A パターマットの下にじゅうたんを敷くなどの工夫が必要です

ゴルフ練習用のパターマットが市販されています。裏地にゴムが入っているから騒音は大丈夫！と思われますが，**ボールが転がる音**や**パターの素振りの音**が，周辺住戸などに聞こえているかもしれません。また，バルコニーでの練習やボールの壁当てにも注意が必要です。床や壁に伝わった振動はあまり減衰することなく建物内を伝わり，周辺住戸に**固体音**として伝わります。

こんなふうに聞こえています

ゴルフボールをパターで叩いたときや床に落下したとき，壁に当ったときに直接聞こえる音は「コン」という音ですが，周辺住戸では「ゴン」と聞こえる場合があります。ゴルフボールがフローリング上を転がる音は「コロコロ」と聞こえますが，周辺住戸では「ゴロゴロ」と聞こえる場合があります。[**体験コンテンツ** 10 パター練習などにより隣戸・下階で聞こえる音の例]

マナー・工夫

固体音を軽減するために以下のような工夫が考えられます。
◎ パターマットは裏のゴムの厚いタイプを使う
◎ マットの下に大きめのじゅうたんを敷き，壁の幅木の部分にも厚手のクッション材などを貼りつける

なお，一般のマンションは，これらの対策を行っても，パターゴルフの音が聞こえなくなるような設計にはなっていません。

〈趣味・娯楽の音〉
ランニングマシンを使って大丈夫？

 防振ゴムを使っても限界があります

ランニングマシンや**自転車のローラー台**は，使用時に生じる**振動**が床から周辺住戸へ伝わり，**固体音**となって騒音問題を引き起こすことがあります。

マナー・工夫

どちらも大きな振動が発生するので，どのような対策を行っても**周辺住戸へ伝わる音をなくすことはできません**が，以下のような**軽減方法**が考えられます。

◎ マシン走行面に使われる**ゴムが厚い機種**，マシン本体に衝撃を吸収する仕組みのある機種を使用する
◎ マシンは**防振ゴム**や**防振マット**を敷いて設置する
◎ **柱や梁の近くに設置**する（部屋の中央に置くより床が振動しにくい）
◎ できるだけ"走行"でなく"歩行"にして使う
◎ 走り方を工夫する（ドスンドスンと走らない）

自転車のローラー台の軽減方法も基本的にはランニングマシンと同じです。

防振効果の程はよくわかりませんが，防振マットに比べて安価な**お風呂マット**を二重に敷いて騒音対策としている方も多いと聞きます。

なお，一般のマンションは，これらの器具の利用や室内での飛び跳ね，走りまわりなどの運動は考慮されておらず，これらの対策を行っても音が聞こえなくなるような設計にはなっていません。

〈趣味・娯楽の音〉
部屋でエクササイズをしたいけど？

 ヨガマットを使っても音は聞こえます

自宅でDVDを見ながらの**ダイエットエクササイズ**や，**家庭用ゲーム機**を使った気軽な**運動／フィットネスゲーム**が人気です。また，最近ではヒップホップダンスが中学校での必修科目となり，音楽を流しながらダンスを踊る機会が増えました。

マンションにお住まいの方は，**サッシを閉めて，音楽のボリュームを絞り，なるべく飛び跳ねない**ようにするなど，周辺住戸への騒音に気を使われていると思いますが。これで十分でしょうか？

どんな音がするの？

駆け足や踏み台昇降のような運動をすると，「ドン」という音が周辺住戸に伝わります。**直下の部屋だけでなく斜め下の部屋にも伝わる**ことがあります。

　二重床では直床より足音が大きくなる傾向があります。足音の大きさは**足の運び方**や**ひざの使い方**などさまざまな要素の影響を受けます。

こんなふうに聞こえています

飛び跳ねた本人には「ドスン」と聞こえることが多いですが，他住戸では「トン」という音として聞こえる場合があります。[**体験コンテンツ** 11 運動系ゲーム機により下階で聞こえる音の例]

マナー・工夫

どのような対策を行っても**周辺住戸へ伝わる音をなくすことはできません**が，軽減するためには以下のような工夫が考えられます。

◎ **時間帯に配慮**する。早朝，夜中に行うと苦情が生じやすくなります。ただし，昼間に睡眠をとられている方もおりますので，注意が必要です。

◎ **ヨガマット**や**専用の厚手のマット**を使う

なお，一般のマンションは，これらの対策を行っても音が聞こえなくなるような設計にはなっておりません。

さらに音を軽減したい場合は，建物の躯体と振動的に縁を切る仕上げの床や壁を作る方法などがありますが，その仕様は音響専門家による十分な検討が必要です。

〈趣味・娯楽の音〉
ピアノの音を低減させるには？

設置場所を工夫したり，防音パネルを取り付けたり，カーテンを閉めることで低減します

ピアノの音は，アップライトピアノよりもグランドピアノのほうが大きく，一般の人よりも音楽学校の学生やプロが弾いたときのほうが大きいといわれています。

また，ピアノの音は響板で増幅されることから，**アップライトピアノはピアノの背面**の，**グランドピアノは筐体の下面**の音量が最も大きくなります。

さらに，ピアノの音は**空気音**だけでなく，弦や響板の振動が**キャスターから床や壁に伝わり**，周辺住戸で**固体音**になります。

一般のマンションは，ピアノなどの楽器を気兼ねなく演奏できるようには設計されていません。楽器の音は周辺住戸でも聞こえていると考えてください。

■ アップライトピアノの部位による音の大小
（出典：宮坂広志「集合住宅のピアノ練習室」音響技術，No. 56，pp.6-9，1986.12）

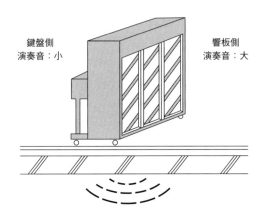

マナー・工夫

ピアノの音はほかの一般的な生活音に比べて大きく，通常のマンションは周辺住戸でピアノの音を聞こえなくするほどの遮音性能は持っていませんが，以下のような軽減方法が考えられます。

◎ **設置場所**を工夫する

静けさが求められる部屋や周辺住戸からできるだけ離してピアノを設置します。アップライトピアノは，音量が大きくなる**背面**（響板側）**を周辺住戸に向けない**ようにします。周辺住戸側の壁に向けざるを得ない場合は，**壁面より離す**とよいでしょう。また，**和室に設置**すると，畳の緩衝効果により，下階に対して若干の低減効果が期待できます。

◎ **演奏音**を小さくする

・**防音パネル**を取り付ける

音色が若干変わってしまいますが，ピアノ背面（響板）に防音パネルを取り付けると低減効果が期待できます。

・**防振ゴム（インシュレーター）**を取り付ける

固体音の低減対策として，防振ゴムや防振材料と遮音材料を複合した防振パネルをピアノのキャスター下に取り付けます。

■ ピアノの設置場所の移動例

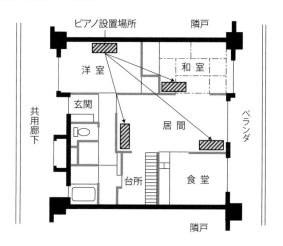

◎ カーテンを閉める

演奏中は窓やカーテンを閉めると音漏れが低減します。レースでなく遮光用の厚いカーテンのほうが効果が期待できます。

◎ 演奏時間を調整する

管理規約などでルールが定められているのであれば，当然それに従います。ルールが定められていない場合でも，夜遅くや朝早くは弾かないなど周辺住戸への配慮が必要です。

◎ 消音機能付きピアノにする

消音機能付きピアノはハンマーが弦を叩く直前にストッパーが働いてハンマーの動きを停止し，弦から音が出ないようにするとともに，鍵盤の動きを光センサーで検知し，電子音源のピアノ音をヘッドホンから再生します。

ただし，消音機能を働かせて演奏していれば，弦の音は出なくなりますが，**打鍵音**は残ります。また，打鍵時の振動がピアノの脚部から床に伝わり，「ゴトゴト（カタカタ）」といった固体音が周辺住戸で生じることがあります。

◎ 防音室の設置，防音工事

周辺住戸に伝わるピアノの音をさらに小さくするには，防音室の設置や二重窓などの防音工事の実施が考えられます。これらの対策については，**音響専門家に相談**してください。

〈趣味・娯楽の音〉
壁掛けテレビ設置で気を付けることは？

振動が壁に伝わるので防振対策が必要です

　テレビなどAV製品に付いているスピーカーは音を出す際に振動します。テレビを壁に固定する壁掛けテレビは，**壁に振動が伝わり**，**固体音**を生じることがあります。そのため，壁掛けテレビをリビングと寝室の間仕切り壁や戸境壁に設置すると，周辺住戸との間で騒音問題を生じる可能性が高くなります。

マナー・工夫

　壁掛けテレビを設置する際には，**防振ゴム**を用いるなどして振動の伝わりを小さくすることが有効です。

　なおマンションは区分所有法によって，戸境壁に釘やねじを打ち付けることができません。そのため，戸境側に壁掛けテレビを設置する場合は，戸境壁とは別にテレビ取付用の壁を新たに設ける必要があります。一方，**テレビ取付用の壁**を設置すると，戸境壁との間で**共鳴透過現象**を起こし，戸境壁単体のときよりもテレビの音が透過しやすくなる場合があります。音の透過の低減については，**音響専門家に相談**してください。

■ 防振ゴムの例（出典：倉敷化工（株））

5.1ch ホームシアターの場合はどうでしょう。5.1ch ホームシアターには，センタースピーカーと左右のフロントスピーカー，左右のリアスピーカー，1つのサブウーファーの計6個のスピーカーがあります。

　サブウーファーは，映画館で鑑賞しているような臨場感を再現するために，低音の増強を目的として設置されます。一方，一般のマンションはテレビやステレオなどの音量を気兼ねなく大きくできるようには設計されていません。また**低音成分は周辺住戸に伝わりやすい**ため，5.1ch シアターを使う際には，音量を絞るなど周辺住戸へ伝わる音を小さくするための工夫が必要です。

3章

騒音は生活音だけではない

遠くのポンプの音がどうして聞こえるの？（給水設備）

ポンプに防振対策がされていても，配管や運ばれる水にも振動が伝わっているためです

　一般の一戸建て住宅では，水道管の水圧を利用して蛇口へ給水します。一方，多くのマンションでは，**増圧ポンプ**を用いて水圧を高め，蛇口に給水したり，**揚水ポンプ**で受水槽に揚水した後，蛇口に給水する方法が採られています。そのためポンプはマンションに欠くことのできない設備です。一般にポンプは，建物に伝わる振動を小さくするように，**防振材料**と呼ばれるゴムなどの柔らかい材料を介して，地下の機械室などに設置されますが，配管によって運ばれる**水にも振動が伝わる**ため，固体音が聞こえることがあります。

■ マンションの給水方式

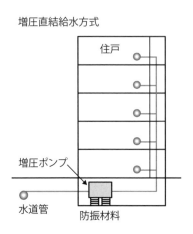
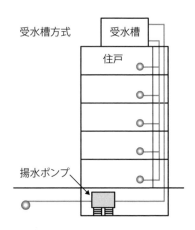

ポンプ以外の音として、例えば「コンッ」「ゴンッ」「ドンッ」といった建物を叩くような音がすることがあります。そんなときは**ウォーターハンマー**が原因かもしれません。シングルレバー水栓や自動水栓では、水流が瞬間的に止められることで水道管内の圧力が急に高まり、水道管に衝撃力が生じます。ハンマーで叩いたような音がするためこのように呼ばれています。

マンションでは高層階まで水を供給したり、水道管を共同で使うため、これらの音をなくすことはできませんが、**ポンプの防振性能**を高めたり、**水撃防止装置**を用いることで、ある程度音を低減することは可能です。

これらの対策は居住者側で行うことはできません。朝晩の水道を多く使う時間帯に頻繁に起こり、気になるようであれば管理会社などに相談してみてはいかがでしょう。

■ ポンプや配管の防振

ポンプ架台
防振装置

配管支持部の防振

Q 遠くの変圧器の音がどうして聞こえるの？（電気設備）

A 電気設備の変圧器からでる電気の周波数によってそのような音が聞こえることもあります

マンションには住戸に配電するための**変圧器**という設備がありますが，電気の周波数で振動するため，「ブ～ン」という虫が飛んでいるような固体音が住戸内で聞こえることがあります。これらの音を完全になくすことはできませんが，変圧器と床の間に**防振ゴム**などを設置することにより，床に伝わる振動を小さくして，固体音も小さくすることができます。

特に閑静な場所に建っていたり，二重窓など窓の遮音性能が高く室内の暗騒音が小さい場合，変圧器から生じる小さな音でも気になりやすくなります。

■ 変圧器

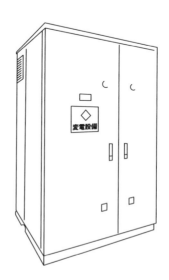

エレベーターはなにがうるさい?

A 音声案内のほか，巻き上げモーターや電磁ブレーキの音が聞こえます

毎日の生活に便利なエレベーターですが，**開閉音**，**ブザー・チャイム**，**音声案内**のほか，機構上騒音の原因となる色々な部位があります。心臓部となる巻き上げ機の**モーターやギア**からは「ヴ〜ン」という音が，**電磁ブレーキ**からは衝撃性の「カンッ」「コンッ」という音が生じます。

また，居室に面してエレベータシャフトがある場合は，**ガイドローラー**が転がるときの「ゴロゴロ音」や，**ガイドレール**の継目を通るときの「ゴトン」といった音が聞こえる場合があります。

これらの音を完全になくすことはできませんので，音が気になりやすい方は，寝室を変えたり，エレベーターシャフト側にクローゼットを置くなど工夫してみましょう。

■ 巻き上げ機の防振

■ エレベーターシャフトからの騒音の低減例

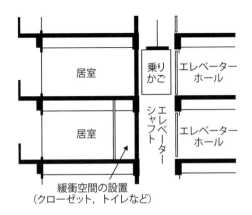

ディスポーザーは粉砕音のほかに騒音を発生させる？

処理タンクの水中ポンプが振動します

　最近普及してきている**ディスポーザー**（生ごみ粉砕機）は，家事をする人にとっては大変便利な設備です。台所シンクに取り付けられているディスポーザーの**粉砕機**は振動源ですが，機器の改良により建物に伝わる振動はかなり小さくなってきました。

　ディスポーザーからの排水はそのまま下水道に流せないために，建物内に**処理タンク**が設置されています。処理タンク内には，水を送るための**水中ポンプ**が設置されており，この振動により固体音が生じる場合があります。通常，処理タンクは住戸から離れた場所に設けられ，防振材で支持するなどして固体音を小さくする対応がとられていますが，配管がつながっているため，これらの音をなくすことはできません。

■ 処理タンクの例

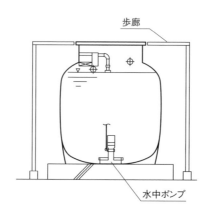

機械式駐車場はどのような音を発生させる？

モーターやターンテーブルの音など車の出し入れに伴う音が発生します

近年，マンションの建物の中に**機械駐車設備**を設けるケースが増えてきましたが，稼働に伴いさまざまな騒音が発生します。

モーターや**ターンテーブル**などが動いている間に生じる「ブーン」といった騒音，これらの起動時，停止時などに生じる「ガチャン」「ガツン」などの騒音，車の載るパレットが収納位置に移るときに生じる「ガチャン」「ガツン」といった騒音などです。

[**体験コンテンツ** 12 機械駐車設備・駐輪機により聞こえる音の例]

タワーマンションなどでは，駐車設備と建物を防振効果のある**ゴムなどで絶縁**したり，駐車施設と住戸の間に中廊下や階段室を設けるなど音を低減させる工夫がとられる場合があります。

なお，入出庫時の不要な**アイドリング**や**空ぶかし**もマンションの居住者や近隣への騒音の原因となります。

■ タワーマンションに多く用いられるエレベーター式駐車施設

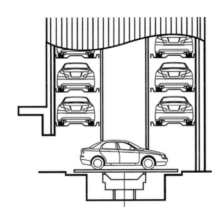

どんな音が外から伝わるの？

A 道路騒音，鉄道騒音，工場騒音などの空気音，地下鉄騒音などの固体音

これまでは敷地内の音のお話でしたが，ここではマンションの外（敷地外）からやってくる音の話をします。

みなさんがお住まいのマンションはどのような場所に建設されているでしょうか。立地によって，騒音源は異なります。代表的な騒音源として，道路交通，鉄道，航空機，地下鉄，工場などがあげられます。都心のマンションであれば，**道路騒音**，**鉄道騒音**，**地下鉄騒音**，**航空機騒音**などが複合的に伝わることも考えられます。

[体験コンテンツ 13
近隣で発生する音の室内での聞こえ方の例]

それでは外部の騒音はどのようにして室内にやってくるのでしょうか。外部騒音の侵入経路は二つに大別できます。一つは空気中を伝わる**空気音**で，道路騒音，鉄道騒音，航空機騒音，工場騒音です。もう一つは，地盤や建物を伝わる**固体音**で，地下鉄騒音はこれにあたります。

空気音の侵入経路は主に**窓や換気口・レンジフード**などの開口部です。外部騒音は伝わりやすい（遮音性能が低い）ところからマンション内に侵入します。一般に，開口部は壁に比べて空気音が伝わりやすいのですが，換気口などをふさぐことはできません。**換気口を防音タイプ**に交換するという対策がありますが，空気音を完全にシャットアウトすることは困難であるといえます。

次に，**固体音**である地下鉄騒音の伝わり方について考えてみましょう。地下鉄の**振動**は**地盤から建物に伝わり**，最終的に室内で音になります。どの程度伝わるかは，居室の位置によっても変わりますが，低層階ほど影響が大きいといえます。

固体音である地下鉄騒音は，すでに建っている建物での対策は困難です。

「パキッ」「ドンッ」いったい何の音？

 A 温度変化による建材のきしみ，風による建材のこすれなどで音が発生します

温度変化による音

室内で突如として「パキッ」「ドンッ」といった得体の知れない音が聞こえたことはありませんか。それは心霊現象などではなく，気温の変化による音かもしれません。

建物にはさまざまな材料が用いられています。材料は温度変化によって伸び縮みしますが，その割合は材料によって異なります。日照によって材料が伸び，ほかの部材との間にズレが生じると，それがごくわずかであっても「パキッ」や「ドンッ」などといった音が発生します。このような音のことを**熱伸縮によるきしみ音**などと呼びますが，特に**新築**のころは材料同士がなじんでおらず，音が出やすい場合があります。また季節によっても違いがあり，**冬から春にかけて**暖かくなるころに多く発生します。冬の寒さで縮んでいた材料が温められ，ノビをする際に若干のズレが生じるようです。

[**体 験 コンテンツ** 14 自然現象による音の室内での聞こえ方の例]

■ 熱伸縮によるきしみ音

風による音

強風時にも「パキッ」や「ドンッ」などといった音が聞こえることがあります。これは強風で建物にわずかな**変形**が生じ，それによって材料がこすれ，音が発生する現象で，温度変化によるきしみ音に似た現象です。

また風の強い日には，**窓の隙間**からいかにも寒そうな「ピューピュー」なる音が聞こえることはありませんか？　わずかに窓を開けて風を取り入れようとした場合にも同様の音が聞こえることがあります。

これらの現象による音のことを，**風切音**などと呼んでいます。外部に面する階段やバルコニーの手すり，ルーバーなど，風速が大きい場所で発生する場合もあります。

なお，温度変化による音や強風による音が発生しても材料のズレはわずかで，これらによって建物が壊れることはありませんのでご安心ください。

■ 手すりに生じる風切音

騒音トラブル予防のためのチェックポイント

騒音トラブル予防のポイントは？

 発生源，対策，相談先をチェックします

マンション住まいで，周辺住戸から聞こえてくる音に悩まされていませんか。逆に生活音に対して下階などから苦情を言われたことはないですか。トラブルになるのは避けたいけれど，具体的にどのように対応したらよいかわからないという方も多いことでしょう。

一口に音のトラブルといっても，その中身は多種多様で，時にはご近所付き合いにも絡むデリケートな問題です。解決を焦るあまり，自分の思い込みや感情に任せて対応してしまうと，問題がこじれてトラブルに発展してしまう場合があります。トラブル予防のためには，きちんと**状況を整理**して，状況に応じた**適切な対応**が必要です。

① 発生源のチェック

気になる音がある場合，まずは音の情報を収集・整理し，何の音がどこから聞こえてきているのかを正しく把握することが大切です。

（情報収集）
◎ どんな音に聞こえますか？
◎ どのあたりで聞こえますか？
◎ 聞こえるのはいつですか？
（p.75 参照）

（情報整理）
◎ 発生源は何だろう？
◎ 発生源はどこにあるのだろう？
◎ 音の伝わり方は？
（p.75 〜 85 参照）

② 対策のチェック

①でわかった発生源の特徴に応じてその音に見合った対策を正しく理解することが大切です。

（p.86 〜 90，p.101 〜 107 参照）

③ 相談先のチェック

自分で対応が難しい場合や，効果が出ない場合は，第三者の客観的かつ専門的なアドバイスを受けられる相談先を正しく選定することが大切です。

（p.91 〜 96 参照）

4章 騒音トラブル予防のためのチェックポイント

発生源のチェックポイント

```
情報の収集
```

チェックポイント	どんな音に聞こえますか？

【音の長さ】	□ 連続音	□ 単発音
【音　色】	□ ゴー　□ ブー	□ ドスン　□ ドン
	□ ブーン　□ プー	□ コン　□ コツッ
	□ ピー　□ キーン	□ カン　□ キン
	□ ヒュー　□ ビュー	□ バシッ　□ ピシッ
	□ その他 （　　　　　）	□ その他 （　　　　　）
【音の明瞭さ】	□ 比較的クリアな音	□ こもった音

チェックポイント	どのあたりで聞こえますか？

【自分の住戸の どの部屋？】	□ 居間（リビング）　　□ 食堂（ダイニング）
	□ 台所（キッチン）　　□ 寝室（ベッドルーム）
	□ 浴室（バスルーム）　□ 洗面所
	□ 便所（トイレ）　　　□ どの部屋でも
	□ その他（　　　　　　）

チェックポイント	聞こえるのはいつですか？

【時間帯は？】	□ 朝　□ 昼　□ 夜　□ 深夜　□ 常に
	□（　　）時ごろ
【1日に何回 または何分？】	□（　　）回ぐらい　□ 数えきれない
	□（　　）分ぐらい　□ 常に
【季節・天候】	□ 冬　□ 春　□ 夏　□ 秋
	□ 季節に関係なし

```
情報の整理
```

音の発生状況に関する基本的な情報

発生源は何だろう？

チェックポイント	音の長さ，音色，音の大きさ
チェックポイント	聞こえる時間帯

発生源はどこにあるのだろう？

チェックポイント	音の長さ，音色，音の大きさ
チェックポイント	どの辺から聞こえるか

音の**伝わり方**は？

チェックポイント	音の明瞭さ
チェックポイント	どの辺から聞こえるか

発生源の推定

75

〈発生源のチェック〉
どのような情報が必要か？

どんな音が，どのあたりから，いつごろ聞こえるか

　発生源を正しく把握するためには，まず，音の聞こえ方や発生状況など音の特徴をチェックし，その情報を整理します。そうすることで対応の方向性が明確になりますし，誰かに相談する際にも情報を伝えやすくなり，スムーズな支援につながります。

　ここでは，具体的なチェックポイントと，その情報整理の方法について説明します。

チェックポイント1　どんな音に聞こえますか？

【音の長さ】

　一定の音が連続的に長く鳴り続く**連続音**は，例えば設備機器などの機械系の発生源に多くみられる特徴です。また，短い単発的な音が規則的あるいは不規則な間隔で鳴る**単発音**は，例えば足音など生活音で多くみられる特徴です。

【音色】

　音を擬音で表してみると，音色がイメージしやすくなります。例えば「キーン」とか「ピー」と聞こえる音は比較的高い音（**高音**），「ドン」とか「ボー」は比較的低い音（**低音**）などとイメージすることができます。

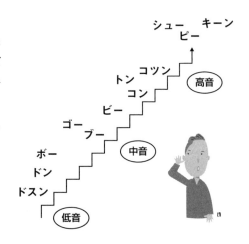

【音の明瞭さ】

　音が比較的**クリアに聞こえる**場合は，空気音が近距離から窓ガラスのような密度が比較的小さい材料を透過して伝わってきているとき，あるいは開口部などから漏れてきているときなどに多くみられます。また，音が比較的**こもって聞こえる**場合は，空気音が遠距離から伝わってきているとき，あるいはコンクリート壁のような密度が大きい材料を透過して伝わるときに多くみられます。

【音の大きさ】

　音の大きさは，発生源自体の音の大きさ，発生源までの距離，伝わってくる経路などの条件が関係しています。

| チェックポイント2 | どのあたりで聞こえますか？ |

【特定の部屋で聞こえる，特定の位置から聞こえる】

　住戸内のある**特定の部屋**，あるいは**特定の位置**から音が聞こえる場合は，音の発生源からの距離が**比較的近いところ**から，空気音として伝わるときに多くみられます。

【広範囲で聞こえる，方向がはっきりしない】

　住戸内の**いくつかの部屋で同じように聞こえ**たり，音の聞こえる**方向がはっきりしない場合**は，振動源からの**距離がある程度離れたところ**から固体音として伝わるときに多くみられます。

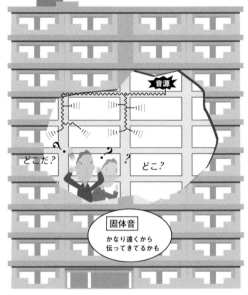

チェックポイント3　聞こえるのはいつですか？

【時間帯による発生源の傾向】

　聞こえてくる時間帯によって発生源の傾向は変わってきます。例えば**朝夕**は人の生活に伴う音（**生活音**）が多くなる傾向にあります。また，**深夜**は生活音が少なくなる分，**設備機器などの音**が相対的に聞こえやすくなることがあります。

　発生日時を記録しておくと傾向を把握しやすくなります。

〈発生源のチェック〉
ピアノの音のチェックポイントは？

 どんな音が，どのあたりから，いつごろ

ピアノの音はこう伝わる

ピアノの音は，窓や壁，床，天井を透過して伝わる**空気音**のほかに，鍵盤を叩く際の振動が脚から床のコンクリート内に伝わり，その振動が音として聞こえる**固体音**もあります。

空気音の場合，音が伝わる範囲は，ピアノを置いてある部屋の**比較的近くの部屋**に限られます。

固体音の場合，音が建物のコンクリートの中に伝わって広がるので，ピアノを置いてある部屋からかなり**離れた住戸**にまで伝わることがあります。

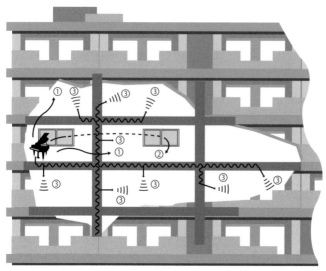

① コンクリートからの空気音

② 窓からの空気音

③ 固体音

チェックポイント1　どんな音に聞こえますか？

【メロディの聞こえ方】

　ピアノのメロディが**ある程度わかる**ように聞こえる場合，多くは**空気音**として伝わっています。

　一方，ピアノのメロディが**はっきりせず**，「コン，コン・・」と叩くような音が強調されて聞こえる場合，多くは**固体音**として伝わっています。

【音の明瞭さ】

　ピアノの音が比較的**明瞭**に聞こえる場合は，多くは窓ガラスのような**密度が比較的小さい材料**を透過して空気音が伝わっています。

　一方，比較的**こもった音**に聞こえる場合は，多くはコンクリート壁のような**密度が大きい材料**を透過して空気音が伝わっています。

【音の大きさ】

　音の大きさは，ピアノの**弾き方や距離**などにより変わります。

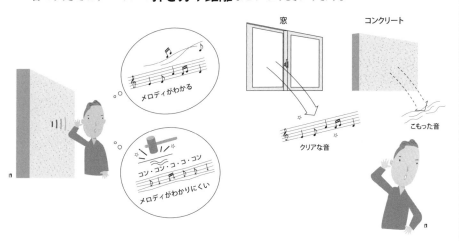

チェックポイント2　どのあたりから聞こえますか？

【特定の部屋で聞こえる，特定の位置から聞こえる】

　例えば，ピアノの音が住戸内のある一部屋で特に大きく聞こえるとか，ある一面の壁や窓といった**特定の位置から聞こえる**場合は，ピアノが**比較的近く**で弾かれていて，空気音として伝わってきていることが多いと思われます。

【広範囲で聞こえる，方向がはっきりしない】

　例えば，リビングでも，寝室でも，音の大きさに大きな違いがなく，同じように聞こえ，音が聞こえる方向も**はっきりしない**場合は，ピアノが**ある程度離れたところ**で弾かれていて，固体音として伝わってくるときに多くみられます。

チェックポイント３　聞こえるのはいつですか？

【時間帯】

　日中，夕方，夜，深夜，あるいはいつもほぼ決まった時刻など，聞こえる時間帯に関する情報が傾向の把握に役立つ場合があります。

【頻度】

　１日に何度も，毎日，数日に１回程度，休日だけなど，頻度に関する情報も役立つ場合があります。

〈発生源のチェック〉
上階の足音のチェックポイントは？

どんな音が，どのあたりから，いつごろ

足音はこう伝わる

　足音は歩行時に床で発生した振動が建物のコンクリートなどに伝わり，それが周辺住戸で音として放射される固体音，いわゆる**床衝撃音**と呼ばれる音です。

　床衝撃音は，**真上の住戸からの音だけでなく**，斜め上の住戸や，場合によっては真横や真下の住戸からの音も聞こえてくることがあります。

| チェックポイント1 | どんな音に聞こえますか？ |

【音の聞こえ方】
　足音の聞こえ方の印象は，さまざまな要因で変わります。例えば，床の仕上げが**二重床工法**の場合は低音が響くように「**ドン，ドン‥**」と聞こえる傾向があります。また，**直床工法**の場合は「**トン，トン‥**」というように比較的硬い印象の音に聞こえる傾向があります。

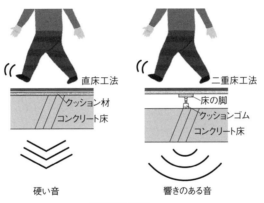

音の印象が違う

【音の大きさ】

　足音の大きさは，歩き方など個人によって大きく変わります。人によって普通に歩いても足音が大きめの人もいますし，小さめの人もいます。また，体重の重い・軽い，歩行が速い・遅いなど，**見た目のイメージと実際の足音の大きさは必ずしも一致しない**場合も多く，体重の軽い子供や，ゆっくりと歩くお年寄りの足音が意外と大きく聞こえることもあります。

【その他の特徴】

　その他，ちょっとした聞こえ方の特徴も発生源のヒントになる場合があります。

　例えば，足音が一定のリズムで聞こえる場合は，ルームランナーなどが発生源の可能性もあります。

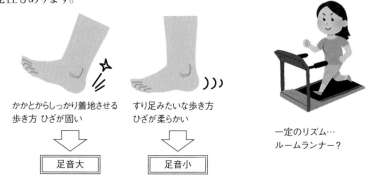

チェックポイント2　どのあたりで聞こえますか？

【特によく聞こえる部屋がある？】

　例えば，住戸内の部屋のうち，**特定の部屋でよく聞こえる場合**，その音は**直上の部屋**で歩いている足音である可能性が高いです。ただし，ほかの部屋でも足音はある程度聞こえることが多いです。

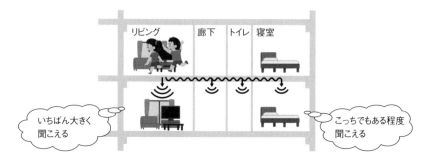

【どの部屋も変わらない?】

　例えば，住戸内の**どの部屋でも同じ大きさに聞こえる場合**，その音は直上の部屋ではなく，ある程度離れた部屋を歩いている足音です。2層上の階，斜め上，真横，真下の住戸から伝わってきた足音が，**あたかも真上の部屋からの足音ように聞こえる**こともありますので注意が必要です。

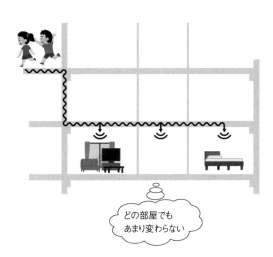

チェックポイント3　聞こえるのはいつですか?

【時間帯】

　日中，夕方，夜，深夜，いつも決まった時刻など，聞こえる時間帯に関する情報が対応の際の参考となる場合があります。

　朝夕は生活時間帯のため，足音が聞こえやすい時間帯といえます。早朝や深夜は，部屋の中が静まり返っているため，同じ大きさの足音でも気になりやすい傾向があります。

【頻度】

　上記の時間帯の情報と併せて，どのぐらいの頻度かという情報も，対応の際の参考となる場合があります。

〈対策のチェック〉
対策の基本的な考え方とは？

音／振動の発生自体を小さくする，伝わりを減らす，発生を制限する

　音を小さくするための対策方法の基本的な考え方には，以下の三つがあります。発生源の特徴に応じて適切な方法を用います。

　次項（p.88～89）に空気音と固体音それぞれの対策について述べますが，マンション完成後に**建物側での対策**を行うのは**困難**です。実際には，**居住者側でのマナー・工夫**に頼らざるを得ません。さらに，残念なことに，うるさいと感じている**住戸側でできる対策はわずかな対象**に限られてしまいます。（2～3章, 5章(p.101～107) 参照）。

- 音／振動の発生自体を小さくする
- 音／振動の伝わりを減らす（経路対策）
- 音／振動の発生を制限する（音源／振動源対策）

「音や振動を発生させている側」で対策すべき対象

足音，椅子の引き摺り音，浴室の音，キッチンの音，掃除・洗濯の音，ドア閉め音，窓・カーテン開閉音，パター練習，ランニングマシン，運動系ゲーム，ピアノの音，AV製品の音，建物の共用設備機器の音　ほか

「音を聞かされている側」で対策できる対象

換気口から入り込む外部騒音，静か過ぎる室内の暗騒音　ほか

〈対策のチェック〉
空気音の対策は？

 経路を対策します

　空気音の主な対策には，音源を小さくする**音源対策**と，経路の途中で小さくする**経路対策**がありますが，音源が自宅以外にある場合，自分でできる対策は経路対策になります。経路対策で重要なのは，音源から耳に至るすべての経路を見つけ，それぞれの影響度合いに応じた対策を行うことです。

　例えば，マンションの前面道路を走る自動車の音は窓などの外壁を透過して室内に空気音として伝わります。

　この場合，窓以外にも，壁自体，換気口やレンジフード，エアコンの配管用貫通穴など，さまざまな経路があります。例えば窓と換気口がある部屋で，それぞれが同じくらいの影響度合いだった場合，一方だけを対策しても「わずかに小さくなった程度」の効果しか感じられません。したがって的確な調査と対策が必要となります。

　なお経路対策は，音が周囲に広がってしまった後の対策になるので，音源対策に比べ，対象箇所が往々にして多くなります。

〈対策のチェック〉
固体音の対策は？

 振動源を特定し対策します

　固体音の対策には，振動源を小さくする**振動源対策**と，経路の途中で小さくする**経路対策**があります。

　例えば，マンションの上階を歩いたときの振動は，コンクリートの床や柱，梁に伝わり，さらに下階の天井や壁などの仕上げ材料に伝わった後，音（固体音）として放射されます。固体音の大きさは，これらの各部分での振動の伝わりやすさや音の放射のしやすさに関係します。

　足音の場合，原因住戸の居住者に常に忍び足で歩くことなど（振動源対策）を求めるのはなかなか困難です。また経路対策としてコンクリートの床などを補強したり，床仕上げを防振したりして振動を伝わりにくくできればよいのですが，マンションができあがってしまった後にこれらの対策を行うことも難しいので，**足音**は，騒音問題の中でも**対策が困難**な対象の一つになっています。

　一方，**モーターやポンプ**などを振動源とする固体音は，振動源を**防振台**に載せるなどの方法で対策ができる場合があります。このとき注意が必要なのは，適切な防振台を使わないと，振動がかえって増幅する場合があることです。また振動源本体に加えて，振動源から伸びる配管など，**振動が伝わるすべての経路**も防振しないと効果がでない場合があります。

　なお**固体音**の元となる振動は建物内を広く伝わる性質があるので，必ずしも固体音が聞こえる方向に振動源があるとは限らず，**振動源の特定が難しい**ケースもあります。

〈対策のチェック〉
思っていた効果が出ないときは？

 ほかの発生源をさがしたり，ほかの伝達経路をさがすことが必要です

対策の効果が思うように出ない場合は，さまざまな原因が考えられます。以下にその一例を説明します。

◎ **発生源が一つではない**

例えば，真上の住戸の居住者に足音対策をしてもらったが相変わらず足音が聞こえ，別の斜め上の住戸も発生源だったケースもあります。

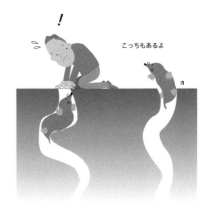

◎ 音／振動の伝わる**経路が一つではない**

例えばピアノの固体音を低減させるために脚に防振ゴムを取り付けたが，背面から壁に伝わる空気音の経路が残っていて，音が小さくならないというケースもあります。

◎ **効果はちゃんと出ているのかも**

音の大きさの感じ方には個人差があり，同じ効果でも，効果を大きく感じる人もいれば，小さく感じる人もいます。
また，発生源や建物の条件によっても対策効果に差が出ることがあります。

〈相談先のチェック〉
どのような相談先があるか？

**身近な相談先は管理会社や管理組合です。
こじれてしまったトラブルを解決するための
支援体制はまだ十分とはいえません**

　自分一人で思い悩んでいると，考えが思わぬ方向に行ってしまい，問題がこじれたり，解決に時間が掛かったりすることも考えられます。ご自身では対応が難しい状況に陥ってしまった場合の相談先として，下図のような多様な機関があります。

　まずは客観的なアドバイスを得るための相談先としては，身近な**管理会社や管理組合**などがあります。さらに**専門分野ごとに相談機関**がありますが，一度こじれてしまった騒音トラブルを有効に解決するための支援体制は，残念ながら十分であるとはいえません。トラブルになってしまってからの解決は非常に困難です。よって，問題をこじれさせないように細心の注意を払う必要があります。

　わが国のトラブル処理制度に関しては，詳しくは後述する書籍『苦情社会の騒音トラブル学―解決のための処方箋，騒音対策から煩音対応まで』（新潮社，2012）をご覧ください。

　次頁以降に参考として専門分野ごとの相談機関の例を挙げます。

■ 私たちの周りの相談機関

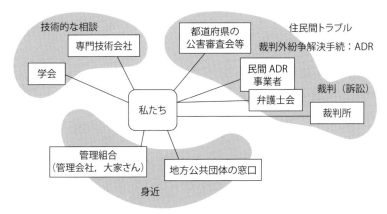

■ こんなときはこんな相談先

　トラブルの内容や支援の内容に応じて以下のような相談機関があります。

【身近な相談先・情報】
身近にある相談先の例と関連する情報を以下に示します。
■ 相談先
　◎ 管理組合（管理会社，大家さん）
　　マンションのあらゆる困りごとの相談相手として身近な存在です（専門的な内容には対応できないこともあります）。
　　建物の共用設備機器の音に関する相談はこちらにします。
　◎ 地方自治体の窓口
　　近隣騒音などの困りごとの相談先として，都道府県や市区町村には公害苦情相談窓口が設けられています。
　→都道府県公害紛争処理担当課はこちら
　（http://www.soumu.go.jp/kouchoi/complaint/counter.html）

■ 情　報
　◎ 東京都「考えよう『生活騒音』ルールを守って，静かな環境」
　（http://www.kankyo.metro.tokyo.jp/noise/noise_vibration/daily_life_noises.html）

　◎ 横浜市「生活騒音防止に関する配慮すべき指針」
　（http://www.city.yokohama.lg.jp/kankyo/etc/jyorei/jyorei/seikatsu/seikatusouon.pdf）

　◎ 横浜市　パンフレット「住まいの音に気配りを」
　［楽器・音響機器編］［住宅機器・設備編］［マナー編］
　（http://www.city.yokohama.lg.jp/kankyo/kaihatsu/kisei/shindou/seikatsu/）

　◎ 川崎市　告示第 608 号「生活騒音対策に関する指針」
　（http://www.city.kawasaki.jp/templates/outline/cmsfiles/contents/0000002/2708/file5345.pdf）

◎ 芦屋市「生活環境騒音に関する指導要項」
（http://www1.g-reiki.net/ashiya/reiki_honbun/n700RG00000740.html）

【「音」に関する技術的な相談先・情報】

「音」を専門に扱う機関の例と関連情報を以下に示します。なお，これらの相談先では住民間のトラブルの対応は行なっていません。

■ 相談先

◎ 日本騒音制御工学会／認定技士

　「騒音」を専門に扱う学会です。同学会が認定する認定技士の紹介も行なっています。

→ 日本騒音制御工学会の主な活動内容
　（「資格認定制度の実施」参照）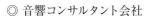
（http://www.ince-j.or.jp/information/activity）

◎ 音響コンサルタント会社

　主に音の測定などの業務を行います。これらの会社には，対象分野によって得手不得手があり，また，対応のレベルもまちまちですので，トラブルの内容に合った会社を選ぶことが大切です。上記の日本騒音制御工学会から認定技士の所属する会社を紹介してもらうこともできます。

■ 情　報

◎ 日本音響学会

　「音」を専門に扱う学会です。ホームページの「音の何でもコーナー／Q&A」などが参考になります。賛助会員（学会に入会している企業・団体）のリストも参考になります。
（http://www.asj.gr.jp/）

◎ 日本騒音制御工学会

　ホームページの「Q&A／会員コラム，用語解説」などが参考になります。賛助会員（学会に入会している企業・団体）のリストも参考になります。

（http://www.ince-j.or.jp/）

【「建物」に関する技術的な相談先・情報】

「建物」を専門に扱う機関の例と関連情報を以下に示します。なお，これらの相談先では住民間のトラブルの対応は行っていません。

■ 相談先

◎ 日本建築学会／住まい・まちづくり支援建築会議

「建物」を専門に扱う学会です。学会内には，これから住まいを注文あるいは購入しようとしている方，すでに住んでいる方が直面する住まいづくりの問題に助言を与え，問題の解決を支援する「住まい・まちづくり支援建築会議」という組織があります。「住まいネット相談」という相談窓口による支援も行なっています。
(http://news-sv.aij.or.jp/shien/s2/index.html)

◎ 防音工事会社

ピアノ演奏室やオーディオルームなど，部屋の防音工事などを専門に行なう会社があります。対象分野によって得手不得手があることがあり，また，対応のレベルもまちまちですので，トラブルの内容に合った会社を選ぶことが大切です。

■ 情　報

◎ 大阪建設業協会（資料）

建設業の協会で作成された資料「事例に学ぶ音の基礎知識」が参考になります。
(http://www.o-wave.or.jp/public/profile/publish/publish12.html)

【住民間のトラブルに関する相談先・情報】

紛争処理を専門に扱う機関の例と関連情報を以下に示します。なお，これらの相談先では技術的な相談への対応は行っていません。

■ 相談先

◎ 各都道府県の公害審査会等

裁判（訴訟）以外の紛争解決方法として，調停などにより当事者間の合意による解決を図るADR（裁判外紛争解決手続

の方法があります。その対応機関として，各都道府県には都道府県公害審査会などが設置されています。これとは別に，市区町村や最寄りの保健所の相談窓口でも受け付けています。

→総務省・公害等調整委員会ホームページ
（http://www.soumu.go.jp/kouchoi/index.html）

◎ 民間ADR事業者

　上記の行政によるADRのほかに，民間のADR事業者があります。民間ADR事業者には，地域の弁護士会や司法書士会といった士業団体のほか，さまざまな業界団体，消費者団体，NPO法人などがあり，各分野の専門的知見を利用できることが特徴です。法務省で認証事業者による対応をサポートしています。

→法務省「かいけつサポート」
（http://www.moj.go.jp/KANBOU/ADR/index.html）

◎ 弁護士会

　各都道府県に弁護士会があり，ADRを含め，法律に関する相談などを行なえます。

→例：神奈川県弁護士会
（http://www.kanaben.or.jp/）

◎ 日本司法支援センター／法テラス

→法テラスのホームページ（http://www.houterasu.or.jp/）

◎ 簡易裁判所（民事調停）

　裁判所によるADR（民事調停）は，通常の場合，簡易裁判所で行なわれます。

→裁判所ホームページ：民事調停手続
（http://www.courts.go.jp/saiban/syurui_minzi/minzi_04_02_10/）

◎ 地方裁判所（民事訴訟）

　訴訟による解決を行なう場合は，通常，地方裁判所が第一審裁判所となります。

→裁判所ホームページ：裁判手続を利用する方へ
（http://www.courts.go.jp/saiban/tetuzuki/index.html）

■ 情　報

〚住民間の騒音トラブルを中心に説明した書籍〛
　◎ 橋本典久（八戸工業大学）『苦情社会の騒音トラブル学―解決のための処方箋，騒音対策から煩音対応まで』新曜社

〚建物の騒音トラブルを中心に説明した書籍の例〛
　◎『集合住宅の音に関する紛争予防の基礎知識』日本建築学会
　◎ 日本建築学会編『建築紛争ハンドブック』丸善
　◎『建築士のためのテキスト　集合住宅を巡る建築紛争』
　　日本建築学会（https://www.aij.or.jp/books/all/productId/590230/）

〚騒音トラブルの裁判を中心に説明した書籍の例〛
　◎ 橋本典久『騒音トラブル防止のための近隣騒音訴訟および騒音事件の事例分析－裁判資料調査に基づく代表的13件の詳細事例集－』(http://nh-noiselabo.com/download/)
　◎ 村頭秀人『騒音・低周波音・振動の紛争解決ガイドブック』慧文社

【その他の相談先】

　◎ 国民生活センター
　　消費者と事業者の間に生じた紛争に対して，ADRによる支援を行なっています。住民間の紛争は取り扱っていません。
　◎ 住宅リフォーム・紛争処理支援センター
　　主として売買契約に関する紛争に対して，ADRによる支援を行なっています。住民間の紛争は取り扱っていません。

〈その他のチェックポイント〉
相手方との話し合いを考える場合の注意点は？

管理会社や管理組合など第三者に立ち会ってもらうことです

　自分の住戸側でできる対策がなく，音を発生していると思われる相手に対策をお願いする場合もあるかもしれません。この場合，自身で直接，相手方を訪ねて，「うるさいから何とかしてくれ」と一方的に苦情を言い立てたりすると，「うるさいと言われるような音は出しているつもりはない」「いや，うるさい」と口論となり，事態がこじれてトラブルに発展してしまうことも考えられます。また，壁をたたく，天井をつつくなどの直接的な行動などもこじれる要因です。

　このようなことにならないよう，相手方との話し合いは，**自身で直接行うことは避け，第三者に立ち会ってもらう**などして，**客観的に相手方の事情や状況も考えつつ慎重に対応を進める**ことが大切です。同じ**マンション内で同様の被害を感じているほかの住民に相談する**ことも考えられます。また，上述した専門の**相談機関**などへ対応を相談することも考えられます。

　ただ，マンションでは**周辺住戸から伝わる音をゼロにはできない**ということを認識しておくことが大切です。もし，あなたが気になっている音が，ごく普通の生活行為によって生じる音だったとしたら，相手方に対策を要求してもその要求が通らない場合があります。それを強引に要求すればお互いに険悪になって，トラブルに発展してしまうことも考えられます。

　なお，音の発生源が建物の**共用設備機器などの場合**は，まずは**管理組合**または**管理会社**へ相談しましょう。

〈その他のチェックポイント〉
気になる音は大きさだけでは決まらない？

 相手との人間関係や自分の心理状態によってうるさく感じてしまう音があります

　八戸工業大学大学院の**橋本典久教授**は，「煩音(はんおん)」という造語を用い，騒音問題と煩音問題を分けて対策すべきと提案しています。

　「騒音とはある程度音量が大きく，耳で聞いてうるさく感じる音。煩音とは音量がさほど大きくなくても，**相手との人間関係や自分の心理状態によってうるさく感じてしまう音**」と定義し，「騒音の対策は音量の低減，すなわち（技術的な）防音対策。煩音の対策は相手に対する**誠意ある対応**とそれを通じた**関係の改善**」(カッコ内は加筆)と区別したうえで，「これを混同するとトラブルの解決どころか，さらに状況を悪化させることにもなりかねない」と説明しています。

　詳しくは，書籍『**苦情社会の騒音トラブル学** ―解決のための処方箋，騒音対策から煩音対応まで』(新曜社，2012) をご覧ください。なおこの書籍は，従来にはない新鮮な切り口などが評価され，2016年日本建築学会著作賞を受賞しています。

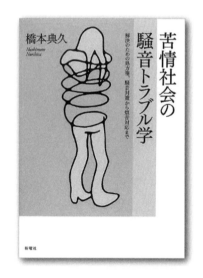

5章

快適なマンション生活を送るための対応

マンションに暮らすということは？

 生活音はゼロにはできません。
ある程度の音は許容することが大切です

　一般家庭から発生する**生活音は，法律による規制の対象とはなりません**。生活音の問題は，**当事者同士の話し合いによる解決を基本とします**。お互い相手の立場に立って，お互いを理解し，感情的にならず**冷静に対処**しましょう。集合住宅にはさまざまな人が暮らしていることを認識し，**一方的に要求するだけでなく，ある程度は許容する**ことが大切です。

　これまでに述べたとおり，マンションの音環境の設計目標は，コストパフォーマンスを考慮した合理的な判断によって，ほどよい性能・ほどよいコストとなるように設定されています。よって，**生活音をゼロにすることはできません**。また，マンションでは，さまざまな住まい方・感じ方の隣人同士が同じ建物の中に暮らしています。よって，マンションの音環境に対し，居住者間で理解や期待に幅があるため，そのギャップが誤解やトラブルのきっかけになる場合があります。

　例えば乗用車を購入して，レーシングカー並みのスピードが出ないと文句を言う人はいません。多くの方が性能や見た目，利便性や耐久性，安全性やコストなどを勘案して，賢く車を使用しています。**マンションも性能を理解し，それにもとづいた住まい方**をする必要があります。ただ，マンションに住むようになってからまだ歴史が浅いため，マンションという共同生活の場を互いに快適に使いこなす**「生活の知恵」もまだ発展途上**と思われます。

　生活音問題の対策に**特効薬はありません**。マンションの音環境を適切に理解し，居住者が互いに**快適に暮らす知恵を育む**ことが望まれます。

受け手側居住者でできる数少ない対策は？

 部屋の用途をかえる，生活パターンをかえる，できる範囲で防音処理をするなどです

2章，3章で発生源別のマナー・工夫を紹介しましたが，4章でも述べたとおり，生活音に悩まされても，残念ながら，**騒音の受け手側居住者の住戸でできる対策はわずかです**。ここでは数少ない対策をあげてみます。

まず **BGMなどをかけて生活音があまり気にならないようにする方法**が考えられます。これをマスキングといいます。詳しくは次項で説明します。

部屋の一部から音が聞こえてくる場合は，音が聞こえてくる壁に家具を配置する，または寝室などを静かな部屋に移すなど**部屋の用途をかえる**こ とも考えられます。

外部からの騒音に対しては，できるだけ**音の侵入路をふさぐように**工夫します。例えば，窓に**防音カーテン**を付けたり，**換気口を防音型**に換えたりすることなどが考えられます。さらに**リフォーム**する機会がありましたら防音を考慮したタイプとします（のちほど詳しく説明）。ただし，生活音をゼロにすることはできません。外部騒音などの**空気音は比較的容易に小さくできても**，建物を伝わってくる足音などの**固体音はなかなか小さくできません**。また部屋を静かにしたぶんだけ，ほかの小さな音が気になるようになることもあります。

音が気にならないようにする方法とは？

 BGMにより音で音を隠す方法があります

暗騒音とマスキング

周辺住戸からいろんな音が聞こえると悩んでいる方は，実は部屋が静かすぎるのかも知れません。

昨今のマンションでは，省エネ性能を高めるため高気密・高断熱の窓サッシが使われるようになりました。このため窓サッシの遮音性能が高まり，屋外から室内に伝わる騒音も小さくなって，室内が静かな状況になってきています。また，家電製品は昔に比べてとても静かになっています。

このように，**室内が静かすぎると周辺住戸からの小さな音が気になってしまう**ことがあります。

下の図は，個人情報保護のために用いられているテープのイメージですが，文字で文字を隠しています。これと同じように**音で音を隠す**という対策があります。

室内に常に存在している音のことを**暗騒音**といい，暗騒音によって気になる音が，気になりにくくな

■ マスキングイメージ

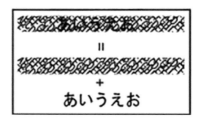

ることを**マスキング**といいます。マスキングには「音で音を隠す」という意味があります。

マンションは，同じ建物の中にさまざまな生活様式の人々が暮らしており，生活音を完全に抑えることは困難です。よって，暗騒音をコントロールして**気になる音をマスキングする**ことも一つの方法です。音環境性能から見ると**「静かにしすぎない」**ほどほどな状態が快適なのかも知れません。

BGMと換気

周辺住戸からの生活音が気になりにくくなるよう，暗騒音を大きくする手段として，**BGM**（テレビや音楽）**を流す**ことや**換気口を開ける**などの方法が手軽です（本来，換気口は常に開けておくことが必要です）。マスキングの効果がわかる音サンプルを載せます。
［**体験コンテンツ** 15］
マスキング効果の例］
　かすかに生活音が聞

こえる程度の音と，その音よりも少し（5dB）大きいBGMや換気口からの音（外部の車や電車の音）を加えた音サンプルになります。いかがでしょうか？気になり方が多少変わったと思います。

ただし，BGMを大きくすると自分の部屋は心地よくなるかも知れませんが，逆に周辺住戸の迷惑になる可能性がありますので，適度な音量にとどめましょう。

外からの騒音を低減させるリフォームは？

 窓，扉，換気口などの建具を防音仕様とします

建具は，出入りや換気・採光のため，外装・内装に設けた窓や扉，換気口などを指します。このような開口部は外装・内装本来の遮音性能が損なわれるため，何かでふさぐ必要があります。また「換気はしたいけれど，音は伝えたくない」「容易に出入りしたいけれど，音は伝えたくない」などの相反する機能を両立させる必要もあるため，遮音が必要な場所に使う建具には，さまざまな工夫がされています。また部屋自体を防音室にすることも考えられます。

■ 建具・器具の防音仕様の例

窓	ガラスとサッシ枠でできています。ガラスは厚いほど，サッシ枠の気密がよいほど，音が伝わりにくい傾向にあります。断熱性能向上のため複層ガラス（ペアガラス）（2枚のガラスの間に5〜10mm程度の空気層がある）を用いることがありますが，空気層とガラスが共振して2枚分の厚さの1枚ガラスよりも音が伝わりやすくなる場合があります。これは構成するガラスを異厚にすることなどで改善できます。さらに音を伝わりにくくしたい場合は，空気層を十分にとって窓を二重に設置する二重窓があります。
扉	扉本体と枠でできています。扉本体の音が伝わりにくいほど，扉本体と枠の気密がよいほど，扉全体の性能が高い傾向にあります。マンションの玄関扉の場合，新聞受け用の小扉があると，その部分で音の伝わりやすさが決まる場合があります。
換気口	空気取り入れ口の換気口や，レンジフードの換気扇の排気口があります。外と空気がつながり，音が伝わりやすいので，空気の通り道の途中にグラスウールを貼るなどした防音タイプがあります。

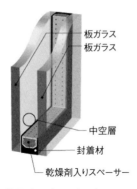

複層ガラス（ペアガラス）は
高遮音性能とは限らない

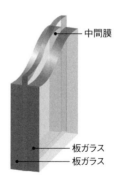

高遮音性能をもつ
防音合わせガラス

一重窓を二重窓にする

（出典：GLASS TOWN, 全国板硝子商工協同組合連合会 HP）

 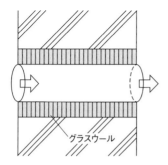 

壁の換気口

部屋の防音工事にはどんな方法があるの？

 空気音と固体音では工事の対象部位・構造が違います

対象音が空気音（p.88）の場合は、影響が大きい部位、例えば窓や壁だけを対象に遮音性能を向上させることで、影響が低減される場合があります。しかし、対象音が固体音（p.89）を含む場合は、遮音と防振を併用する必要があります。

周辺住戸からの音が話し声などの**空気音**であれば、図の①ないし②のように界壁や界床下に防振支持・防振吊りした**遮音壁・遮音天井**を設けることによって、低減が期待できます。ただし、鉄筋コンクリートなどの躯体との間の空気層をある程度広くとる必要があるので、その分、居住スペースは狭くなります。

一方、対象音が周辺住戸でのピアノ演奏や共用設備の使用・運転など、**固体音を含む**場合は、空気音だけを対策するように躯体の内側に遮音壁や遮音天井だけを設ける方法では低減できません。図の③のように躯体から床も含めて防振支持した**防音室**を構成する必要があります。床（防振浮床）の仕様は、対象音と要求性能によって違ってきます。木造で床を構成する場合とコンクリート床とする場合があります。躯体床の許容荷重がありますので、防音室全体の重量も考慮しなければなりません。また、密閉された空間になるので、空調や換気も考慮する必要があります。防音室の仕様を決めるには、音響専門家による十分な検討が必要です。

防音工事の費用は、工事のパターンによって異なりますが、本格的な対策は、かなり高額になります。

■ 防音工事の例（断面図のイメージ）

① 界壁の遮音性能の向上例（隣戸間の空気音対策）

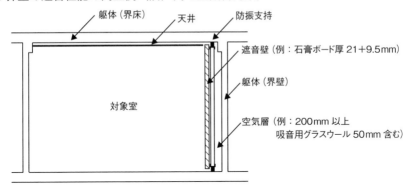

② 界床の遮音性能の向上例（上下住戸間の空気音対策）

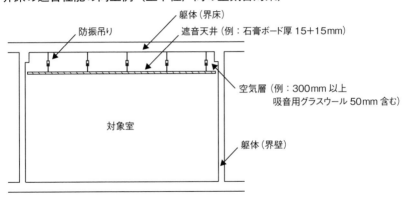

③ 固体音を含んだ遮音性能の向上例

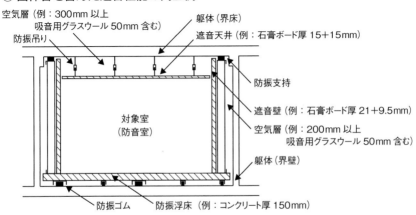

管理組合の心構えとは？

 第三者に徹する，先入観を持たない，専門家にも相談する

あなたが管理組合の役員として，ほかの住民同士の騒音問題に対応する立場になったとします。管理組合の役員としてどのような心構えで臨めばよいのでしょうか？

◎ **第三者に徹する**

トラブルの当事者は，感情的になっており，互いの事情や状況を思い量ることができなくなっていることもあります。管理組合としては第三者に徹して，平等に双方の意見を聞くことが大切です。そして善悪の判定ではなく感情的な歩み寄りを促します。

◎ **先入観を持たない**

例えば，足音の発生場所は，苦情を申し立てている住戸のすぐ上階の住戸だとは限りません。先入観を持たず，いろいろな可能性を念頭において対応することが大切です。部屋の上下左右の居住者にも生活音に対する苦情がないか確認しましょう。

◎ **早めに専門家の支援を仰ぐ**

素人考えで対応してしまうと，良かれと思ってしたことが裏目に出てしまうこともあります。問題の内容や状況に応じて，早めに専門家の支援を仰ぐことが大切です。

◎ **わからないときはわからないと言う**

問題をうやむやにしてしまうと，双方が勝手に自身に都合が良いように解釈して，事態がこじれてしまうことも考えられます。わからないときは，はっきりと，わからないと言うことが大切です。

◎ **個々のプライバシーは守る**

双方から状況をヒアリングする際など，個々のプライバシーに関わることは相手に口外しないよう十分に配慮することが大切です。

管理組合にできることとは？

 ルールづくり，コミュニケーションの促進，ポスターやビラによる注意喚起

管理規約などルールづくり

騒音問題は一人ひとりの心掛けだけではなかなか解決しません。マンションの管理規約を改訂するなど，**最低限のルールを住民みんなでつくる**ことで，音に対する意識が向上します。例えば，ピアノなどの演奏時間を定めて，演奏者にお願いするとともに，ほかの居住者は時間内であれば許容することが大切です。

管理組合の活動・近隣コミュニケーション

聞こえてくる音の大きさが同じでも，聞かされている人の心理状態によって，「気になる・気にならない」の程度は変化します。聞こえてくる音の大きさに直接は関係しませんが，音を発生する側の居住者と交流がある場合とない場合では，自ずと感じ方や対応の仕方が変わってきます。

騒音問題の予防には，近隣，特に**上下階のコミュニケーションが重要**であると多くの書籍やメディアで指摘されています。管理組合の活動などが活発で，近隣コミュニケーションが豊富なマンションでは，そうでないマンションと比較すると，音環境のトラブルが生じにくいと考えられます。

以前，とあるTV番組でマンションの騒音問題に採り上げた回がありました。それによると，騒音問題で悩んでいた居住者たちが，上下左右の居住者と**挨拶**をして**顔を合わせ**たり，縦関係にある居住者たちでマンションの**掃除**を行ったりした結果，以前よりも音が気にならなくなったようです。

騒音が気になるかどうかはさまざまな要因が関係しており，挨拶だけ

ですべてが解決するわけではありません が，コミュニケーションの有無で印象が変わることもあります。

近隣騒音防止ポスター

マンションにおける騒音の抑制には居住者同士の気遣い，気配りが欠かせません。環境省では近隣騒音を防止するための**ポスター**や**カレンダー**のデザインを募集しています。選ばれた作品をポスターやカレンダーにして，国民に向け普及啓発活動を行っています。下記のページから入賞作品をダウンロードできますので，**エレベーターホールや共用施設に掲示する**などの活用を考えてみてください。
(http://www.env.go.jp/air/ippan/kinrin.html)

注意喚起の文書を配布・掲示する

管理組合による対応の一つとしては，足音の騒音問題について，歩き方に配慮するようにお願いする**文書を全住戸に配る**，あるいは**掲示板に掲示する**ことが考えられます。できるだけ問題の音の発生状況，音の聞こえ方や，時間帯などを詳しく示したほうが，効果が現れやすいと考えられます。

ただし，トラブルになってしまってからの掲示は，ケースによってはかえって居住者間の関係を険悪にしてしまうことも考えられますので，対応には細心の注意を払う必要があります。

新規居住者への啓発

新規居住者には，マンションの**生活音はゼロにはできない**こと，**ある程度は許容する**ことを説明します。そして入居時における**上下左右への挨拶**を促します。なるべく居住者同士がお互いに顔を合わせたコミュニケーションがとれる機会をつくるように心掛けることも大切です。

当事者同士の話し合いに立ち会う

当事者同士が話し合いを行う場合，必要に応じて，**第三者として話し合いに立会う**などの対応も考えられます。前項の心構えで，感情的な歩み寄りを促します。

トラブルになる前に‥‥
マンション暮らしの騒音問題

定価はカバーに表示してあります。

2018年8月25日　1版1刷発行　　　　　　　　ISBN978-4-7655-2602-9 C3052

編　　者　一般社団法人日本建築学会
発 行 者　長　　　滋　　　彦
発 行 所　技報堂出版株式会社

〒101-0051　東京都千代田区神田神保町1-2-5
電　　話　営　業　(03) (5217) 0885
　　　　　編　集　(03) (5217) 0881
日本書籍出版協会会員　　　　　　　　　　　F　A　X　(03) (5217) 0886
自然科学書協会会員
土木・建築書協会会員　　　　　振替口座　00140-4-10
Printed in Japan　　　　　　　U　R　L　http://gihodobooks.jp/

© Architectural Institute of Japan, 2018　　装幀：田中邦直　イラスト：いらすとや，川名 京
落丁・乱丁はお取り替えいたします。　　　　印刷・製本：愛甲社

JCOPY ＜出版者著作権管理機構 委託出版物＞

本書の無断複写は著作権法上での例外を除き禁じられています。複写される場合は，そのつど事前に，出版者著作権管理機構（電話：03-3513-6969，FAX：03-3513-6979，e-mail:info@jcopy.or.jp）の許諾を得てください。